U0239075

小型农田水利工程管理手册

小型灌排渠道与建筑物
管理与维护

中国灌溉排水发展中心　组编

中国水利水电出版社
www.waterpub.com.cn

·北京·

内 容 提 要

　　《小型灌排渠道与建筑物管理与维护》分册系《小型农田水利工程管理手册》之一。本分册针对灌排渠道与建筑物管理与维护存在的实际问题，系统介绍了小型灌溉渠（管）道、小型排水沟道及相应的小型灌溉排水建筑物等运行管理与维修养护方法，包括工程观测与巡查、运行管理、维修养护和安全管理等主要内容。本分册以相关规范和标准为依据，吸取了国内外最新科研成果及实践经验，广泛征求了全国有关设计、科研、管理等部门专家和技术人员的意见。

　　本分册内容通俗易懂，方法简单实用，主要供基层水利工程管理单位、用水服务组织等技术人员日常管理维护以及技能培训使用，也可供其他从事水利工作的技术人员及大中专学校相关专业师生参考。

图书在版编目（CIP）数据

小型灌排渠道与建筑物管理与维护 / 中国灌溉排水
发展中心组编. -- 北京：中国水利水电出版社，2022.2
　（小型农田水利工程管理手册）
　ISBN 978-7-5226-0492-3

　Ⅰ．①小… Ⅱ．①中… Ⅲ．①排灌工程－水利工程管
理－手册 Ⅳ．①S277-62

中国版本图书馆CIP数据核字（2022）第026592号

书　　名	小型农田水利工程管理手册 **小型灌排渠道与建筑物管理与维护** XIAOXING GUANPAI QUDAO YU JIANZHUWU GUANLI YU WEIHU
作　　者	中国灌溉排水发展中心　组编
出版发行	中国水利水电出版社 （北京市海淀区玉渊潭南路1号D座　100038） 网址：www.waterpub.com.cn E-mail：sales@mwr.gov.cn 电话：（010）68545888（营销中心）
经　　售	北京科水图书销售有限公司 电话：（010）68545874、63202643 全国各地新华书店和相关出版物销售网点
排　　版	中国水利水电出版社微机排版中心
印　　刷	天津嘉恒印务有限公司
规　　格	170mm×240mm　16开本　4印张　68千字
版　　次	2022年2月第1版　2022年2月第1次印刷
印　　数	0001—3000册
定　　价	**28.00**元

《小型农田水利工程管理手册》

主　　编：赵乐诗

副　主　编：刘云波　　冯保清　　陈华堂

《小型灌排渠道与建筑物管理与维护》分册

主　　编：李其光　　李桂元　　崔　静

参编人员：连少伟

主　　审：郭宗信　　王景元

　　水利是农业的命脉。自中华人民共和国成立以来，经过几十年的大规模建设，我国累计建成各类小型农田水利工程 2000 多万处，这些小型农田水利工程与大中型水利工程一起，形成了有效防御旱涝灾害的灌溉排涝工程体系，保障了国家粮食安全，取得了以占世界 6% 的可更新水资源和 9% 的耕地，养活占世界 22% 人口的辉煌业绩。

　　2011 年《中共中央　国务院关于加快水利改革发展的决定》颁布以来，全国水利建设进入了一个前所未有的大好时期，中央及地方各级人民政府进一步完善支持政策，加大资金投入，推进机制创新，聚焦农田水利"最后一公里"，着力疏通田间地头"毛细血管"，小型农田水利建设步伐明显加快，工程网络更加完善，防灾减灾能力、使用方便程度和现代化水平不断提高，迎来了新的发展阶段。站在新的起点上，加强工程管护、巩固建设成果，保证工程长期发挥效益成为当前和今后农田水利发展的主旋律。

　　根据当前小型农田水利发展的新形势和实际工作需要，在水利部农村水利水电司的指导下，中国灌溉排水发展中心组织相关高等院校、科研院所、管理单位的专家学者，总结提炼多年来小型农田水利工程管理经验，编写了《小型农田水利工程管理手册》（以下简称《手册》）。《手册》涵盖了小型灌排渠道与建筑物、小型堰闸、机井、小型泵站、高效节水灌溉工程、雨水集蓄灌溉工程等小型农田水利工程。

　　《手册》以现行技术规范和成熟管理经验为依据，将技术要求具体化、规范化，将成熟经验实操化，突出了系统性、规范性、实用性。在内容与形式上尽可能贴近生产实际，力求简洁明了，使基层管理人员看得懂、用得上、做得到，可满足基层水利工程管理单位与用水服务组织技术人员日常管理、维护及技能培训需要，也可供其他从事水利工作的技术人员及大中专学校相关专业师生参考。《手册》对提高基层水利队伍专业水平，加强小型农田水利工程管理，推进农田水利事业健康发展，可以提供有力的支撑作用。

《手册》由赵乐诗任主编，刘云波、冯保清、陈华堂任副主编；顾斌杰在《手册》谋划、组织、协调等方面倾注了大量心血，王欢、王国仪在《手册》编写过程中给予诸多指导与帮助；冯保清负责《手册》整体统筹与统稿工作，崔静负责具体组织工作。

小型灌排渠道与建筑物分布广泛、形式多样、数量众多，是我国灌溉工程的重要组成部分，也是连接灌区骨干工程与田间工程的重要纽带，在末端输配水过程中发挥重要作用。但由于工程建设标准低、管理难度大、体制机制不完善等原因，出现了普遍的工程老化、带病运行、配套不完善等现象，极大地影响灌溉效益发挥。为提高小型灌排渠道与建筑物管理水平，保障工程安全运行，有效发挥灌溉系统效益，特编写《小型灌排渠道与建筑物管理与维护》分册（以下简称《灌排工程分册》）。

《灌排工程分册》主要以基层管理人员为读者对象，较为系统地介绍了小型灌溉渠（管）道、小型排水沟道及其建筑物的观测与巡查、运行管理、维修养护、安全管理等主要内容。

《灌排工程分册》由李其光、李桂元、崔静主编，连少伟参编，李龙昌指导编写工作，郭宗信、王景元主审。

《灌排工程分册》编写过程中参考引用了许多文献资料，特向有关作者致以诚挚谢意。同时，在编写过程中得到了山东、湖南、陕西等3省水利厅、湖南省水利水电科学研究院以及有关单位和技术人员的大力支持，在此一并致谢！由于时间仓促和水平所限，本书难免存在疏漏，恳请批评指正。

编者

2021 年 11 月

目录

前言

第一章　小型灌溉渠（管）道工程管理与维护 ················· 1

　　第一节　概述 ·· 1

　　第二节　小型灌溉渠（管）道的观测与巡查 ·············· 5

　　第三节　小型灌溉渠（管）道的运行管理 ················· 7

　　第四节　小型灌溉渠（管）道的维修养护 ················· 9

　　第五节　小型灌溉渠（管）道的安全管理 ·············· 12

第二章　小型排水沟道运行管理与维护 ····················· 14

　　第一节　概述 ··· 14

　　第二节　小型排水沟道的观测与巡查 ····················· 16

　　第三节　排水沟道运行管理 ································· 17

　　第四节　排水沟道维修养护 ································· 22

　　第五节　排水沟道安全管理 ································· 28

第三章　小型灌溉排水建筑物运行管理与维护 ············ 30

　　第一节　概述 ··· 30

　　第二节　小型灌溉排水建筑物的观测与巡查 ············ 40

　　第三节　小型灌溉排水建筑物的运行管理与养护 ······ 45

　　第四节　小型灌溉排水建筑物的维修 ····················· 50

　　第五节　小型灌溉排水建筑物冻胀破坏的防治 ········· 53

第一章

小型灌溉渠（管）道工程管理与维护

第一节 概 述

农田灌溉工程中灌溉渠（管）道工程的管理与维护是小型农田水利工程中的重要内容。灌溉系统从水源取水，通过渠道、管道及附属建筑物输配水到农田进行灌溉，其中的小型灌溉渠（管）道是灌溉系统中的关键部分，因此，必须重视小型灌溉渠（管）道工程的管理和维护。

小型灌溉渠（管）道是指流量在 $1m^3/s$ 以下的灌溉输配水渠（管）道。渠道指开敞式的明渠；管道是指置于地下、地面或半地下半地面的暗渠或暗管，用来替代灌溉明渠，多是无压运行，但由于地形变化，部分暗渠或暗管承受一定的压力运行也是可以的。

一、小型灌溉渠（管）道工程的分类

小型灌溉渠（管）道包括明渠和暗渠两大类。明渠又分为土渠和衬砌与防渗渠道。其中衬砌与防渗渠道主要包括：混凝土衬砌与防渗渠道；石料（卵石、块石、片石）衬砌与防渗渠道；黏土砖、混凝土空心砖衬砌与防渗渠道等。暗渠包括管道和箱涵两种形式。

输水明渠和暗渠常见的断面形式见图 1-1～图 1-4。

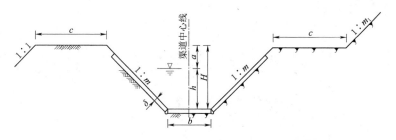

图 1-1　梯形衬砌明渠

h—设计水深；H—设计渠深；a—渠顶超高；b—渠底宽；c—渠堤顶宽；

δ—衬砌厚度；m—渠道边坡系数；m_1—挖方边坡系数

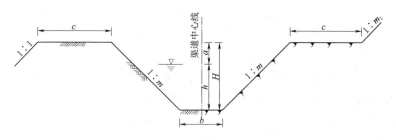

图 1-2　梯形土渠

h—设计水深；H—设计渠深；a—渠顶超高；b—渠底宽；c—渠堤顶宽；

m—渠道边坡系数；m_1—挖方边坡系数

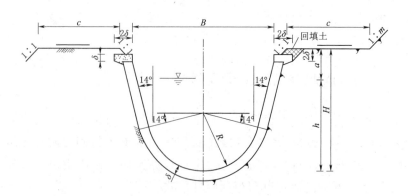

图 1-3　混凝土 U 形渠

h—设计水深；H—设计渠深；a—渠顶超高；B—渠口宽；c—渠堤顶宽；

δ—衬砌厚度；R—圆弧段内半径；m—挖方坡比

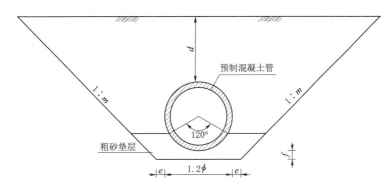

图 1-4　混凝土管输水暗渠

d—管顶埋深；*e*—工作面宽度；*f*—管底以下砂垫层厚度；

φ—预制混凝土内径；*m*—开挖边坡系数

二、小型灌溉渠（管）道工程的形式及特点

（一）明渠的形式及特点

1. 土渠

小型灌溉土渠是在田间开挖或填筑而成的，其断面形式只能为梯形。其特点为施工简便、造价较低，但渗漏严重。其适用范围广泛，在我国的南方、北方都可以使用。

在透水性强的田地建设灌溉土渠，可考虑将渠道的土质置换为黏土，或通过掺加水泥或固化剂使其变为水泥土或固化土，还可以在土渠上埋铺（或面铺）塑料薄膜，减少其渗透性。这几种方法具有就地取材、施工简便、造价较低，抗冻性、耐久性、抗变形能力较差的特点，一般应用于流速小、无冻害地区的渠道。

2. 混凝土衬砌与防渗渠道

混凝土衬砌与防渗渠道的形式很多，主要包括现浇混凝土、混凝土板、沥青混凝土等。其断面形式主要有矩形、梯形。其特点是防渗效果良好、经久耐用、造价较高；沥青混凝土适应地基变形能力较强，抗冻害能力强。其适用范围广泛，在我国的南方、北方都可以使用。

3. 石料衬砌与防渗渠道

石料衬砌与防渗渠道包括浆砌块石、浆砌卵石、浆砌料石、浆砌石板

等形式。其断面形式主要有矩形、梯形。其特点是抗冻、抗冲、抗磨和耐久性好，施工简便，但防渗效果一般不易保证，造价较高。可用于石料来源丰富，有抗冻、抗冲、耐磨要求的渠道衬砌。在我国的南方、北方都可以使用。

4. 黏土砖、混凝土空心砖衬砌与防渗渠道

黏土砖、混凝土空心砖衬砌与防渗渠道的断面形式主要为矩形。其特点是防渗效果较好，造价较低，但耐久性、抗冲耐磨性差，抗冻、防冻害能力较差。主要在无冻害发生的南方地区使用。

（二）暗渠的形式与特点

暗渠的形式有箱涵、管道两类。箱涵包括浆砌石箱涵、砖砌箱涵、钢筋混凝土箱涵等；管道包括素混凝土管、钢筋混凝土管、各类塑料管、陶瓷压力管、钢管、铸铁管等。

暗渠的特点如下。

（1）占地少。与明渠相比，暗渠不占或少占用耕地，与梯形断面的渠道相比，占地尤其少。

（2）减少外来淤积。与明渠相比，暗渠可减少落叶、秸秆、尘土等引起的渠道淤积，且农民收割的秸秆还可以临时收放在暗渠上。

（3）抗冻胀能力强。在北方，衬砌与防渗明渠冻胀破坏是难以避免的大问题，暗渠在一定程度上避免了冻胀引起的破坏。

（4）减少对耕作的影响。与明渠相比，暗渠不影响农民进出农作。暗渠顶部具有一定的承载力，便于一般小型农机进地作业。

（5）施工快。与小型明渠衬砌与防渗施工相比，小型的灌溉暗渠的施工速度要快得多。与 U 形渠施工相比，施工速度更快。

（6）输水快、渗漏少。与明渠衬砌相比，暗渠的接缝少、糙率低、输水快、渗漏小。

（7）清淤难度大。暗渠淤积后，因其位于地下且密闭，相对明渠清淤难度大。

三、小型灌溉渠（管）道管护的一般要求

（1）产权明确，管护主体和管护责任落实到位，监督检查职责分工清晰。

（2）制定规范的管护制度，管护措施应切实可行。

（3）明确维修养护经费来源，建立规范的财务管理制度。

（4）制定完善的安全管理措施。警示牌和防护栏安装到位。

（5）建立完善的工程档案管理制度，确定专人负责，专人管理。

（6）初次投入使用时，要进行全面检查，确保无污物杂质和淤积、保持灌溉渠（管）道通畅后再试水或冲洗。

（7）建立关键环节强化检查制度。对主要连接控制和保护设备、设施，在运行过程中应定期检查，加强维修养护，尤其是对于进口拦污栅的检查维护。

（8）制定非灌溉季节巡查、维护制度。灌溉季节结束，对渠（管）道应及时进行检查、维修。

（9）对于较寒冷地区，为防止渠道冻胀破坏，应加强渠道的运行管理，冬季气温进入0℃后，停止渠道的输水。

（10）建立岁修制度。每年可定期检修一次，可以选择在灌溉淡季或灌溉前，集中进行维修整治。

第二节　小型灌溉渠（管）道的观测与巡查

一、明渠的观测与巡查

（一）灌溉运行前的巡查

灌溉运行前的巡查是一项确保渠道输水安全、畅通的重要步骤，必须组织有关人员进行认真巡查检查，并做好详细记录。

巡查检查的主要内容包括渠道有无损坏现象、损坏的程度，尤其是对于渠道的堵塞、变形、沉陷、裂缝、渗漏等影响输水的问题，是输水运行前巡查检查的重点，根据这些问题拟定输水前的具体处理措施，以保证按时、安全输水。

（二）灌溉运行期间的巡查

（1）要有专人对输水渠道的水位、流速、流量、水质等内容进行观测。如果发现异常情况，应及时查明原因，以便及时采取措施加以处理。

（2）要时刻观察渠道有无塌坑、裂缝、潮湿或漏水，特别是对于地上渠道，要注意观察两侧有无渗水现象。

（三）灌溉停水后的巡查

渠道灌溉停水后，需要巡查、观察输水后渠道边坡、渠底破坏情况，渠道淤积情况，以便发现存在的问题，在下次输水前加以修复。

（四）北方渠道冻胀观测与巡查

渠道的冻胀观测与巡查，主要是针对衬砌与防渗渠道而言的。渠道的冻胀观测与巡查主要包括冻胀影响产生的滑坡与鼓肚，现浇衬砌混凝土面板的变形及部位，衬砌面的裂缝、数量、宽度及部位，以及混凝土预制板之间的接缝变化情况。

（五）暴雨后的巡查

暴雨后应重点巡查渠道是否因冲刷坍塌破坏，衬砌板下有无冲刷空洞，衬砌是否变形移位或整体滑坡。对坍塌破坏严重的，应尽快组织维修。

二、暗渠的观测与巡查

（一）灌溉运行前的巡查

灌溉运行前巡查检查的主要内容包括箱涵、管道有无损坏现象以及损坏的程度，尤其是淤堵、变形、沉陷、裂缝等影响输水的问题，是灌溉运行前巡查检查的重点。输水暗渠都留有检查井、分水控制竖井，利用检查井可以观测淤堵程度，以便及时对淤堵进行清理。

对于管径较大的管道，可进管进行检查，查看管壁有无裂缝和漏水的孔洞，并采取有效措施加以解决。

（二）灌溉运行期间的巡查

暗渠灌溉运行期间主要观测内容包括渗漏观测和淤积观测等。

（1）渗漏观测。暗渠渗漏一般有三种情况：一是暗渠内的水通过其下部土层渗漏至含水层，二是渗漏的水形成径流进入附近沟渠，三是从管道上部涌出地表形成管涌。根据这些情况，可通过地面测听、运行期间沿管线巡查，查看暗渠周边土壤变化，以及观察流量表的变化等，判断其渗漏程度，以便及时采取措施维修。

（2）淤积观测。灌溉运行期间的淤积观测，主要是通过检查井、分水控制竖井观测淤积程度，并及时对淤积进行清理。

（三）灌溉停水后的观测与巡查

暗渠灌溉停水后的主要观测巡查内容是变形观测。

变形观测，暗渠灌溉停水前后，对暗渠挤压外力将发生变化，以及暗渠基础自身也存在变性，再加上暗渠自身结构变化和周边土体冻胀等因素，会使暗渠发生位移或结构变形。变形分为纵向（位移）变形和垂直（位移）变形两种，无论哪种变形，都可能造成暗渠结构破坏而产生漏水、水流态不稳，甚至直接爆裂。因此，应加强日常巡查，密切关注管道周边土体变化、暗渠连接缝的变化，以及暗渠附属建筑物的变化等。暗渠（位移）变形观测可通过对外围土体观测观察和附属建筑物观测获得。必要时设置固定测点，利用经纬仪、水准仪进行变形观测。

（四）暴雨后的巡查

暴雨后应重点巡查暗渠上方土方有无因回填不实下陷，或因暗渠变形、渗漏和坍塌造成土方塌陷。应分清破坏类型，及时采取合理措施进行修复。

第三节　小型灌溉渠（管）道的运行管理

一、土渠的运行管理

土渠由于缺乏衬砌保护和防渗处理，容易受到水流冲刷、杂草生长和虫穴渗漏的影响，特别是大水漫渠对土渠将造成极大的损坏。因此加强土渠的运行管理对于保障渠道正常运行尤其重要。

（1）严禁在渠堤及渠道保护区取土、放牧、爆破、开沟、打井、堆放杂物和违章修建建筑物等。

（2）严禁向渠道内倾倒垃圾、排污、抛掷砖石、擅自开口、埋管取水、设泵抽水。

（3）严禁有关单位和个人侵占、占用和损坏渠道，严禁在渠道上修建临时建筑物和挡水设施。

（4）严禁在渠道内用药物毒鱼或电鱼、炸鱼，严禁在渠道内种植任何阻碍输水的作物。

（5）严格按照渠道设计流量开闸（机）运行，严禁漫渠运行，严禁骤然大流量放水。

（6）对渠道冲刷破坏之处，要及时进行修复，必要时可采取临时防护措施，确保渠道断面保持稳定。

（7）运行前，应及时清除内坡杂草、灌木等障碍物。

（8）灌溉停水后，应及时对渠道冲刷破坏之处，按照设计要求彻底修理。

（9）对存在安全隐患的地方，要做好警示标志。

（10）做好运行记录，主要包括运行时间、输水流量、灌溉面积、作物种类、维修内容及做法等。

二、衬砌明渠的运行管理

衬砌明渠的运行管理除了做到土渠管理的要求外，还应当针对衬砌的特点，做到以下几点。

（1）在渠道的内边坡不得植树，外边坡植树距衬砌防渗层应保持一定的距离，防止树根将渠道衬砌与防渗工程拱起等破坏现象的发生。对于根系不甚发达的杨树等，植树距衬砌防渗层的距离不应小于1.0m；根系或须根发达的泡桐、柳树等，植树距衬砌防渗层的距离不应小于1.5m；其他树木的最小安全距离，应经过调查研究后确定。

（2）为了确保渠道中的流水畅通，渠道内一切阻水障碍物必须彻底清除，特别是勾缝内的杂草要彻底清除，以保证渠道输水畅通。

（3）渠道正常运行期间的水位不应超过设计水位，特殊情况下严禁超过校核水位。

（4）渠道衬砌与防渗工程在放水前、后或暴雨后，应进行全面检查，针对存在的问题，制定计划，认真维修。

（5）小型渠道由于流速较小，冬季输水易结冰。严禁冬季0℃以下输水，防止冻胀引起渠底边坡或底部破坏。

三、暗渠的运行管理

暗渠工程管理应本着以防为主、防重于修、修重于抢的原则，首先应做好防护工作，防止工程病害和人为破坏的发生和发展。

（1）严禁在暗渠顶及保护区取土、爆破、采石和违章修建建筑物等。

（2）严禁擅自开口、埋管取水、设泵抽水或增设闸门。

（3）严禁重型车辆碾压暗渠顶部。

（4）为了确保暗渠流水的畅通，应及时清理一切阻水障碍物。

（5）对暗渠的局部破坏之处要及时修复；对管道接头等易损部位要经常巡查检查，发现问题应及时进行修复。

（6）灌溉停水后，要及时盖好检查井和分水竖井井盖，防止向暗渠内部倾倒垃圾、排污、抛掷砖石、用药物毒鱼或电鱼、炸鱼。

（7）对进水口的拦污栅要经常检查，确保其完整性，防止小孩以及牲畜进入，避免安全事故的发生和管道的堵塞。

（8）对存在安全隐患的地方，要做好警示标志。

（9）做好运行记录，主要包括运行时间、输水流量、灌溉面积、作物种类、维修内容及做法等。

第四节　小型灌溉渠（管）道的维修养护

一、明渠的维修养护

（一）土渠的维修养护

（1）在渠堤两侧可有计划地植树绿化，保护渠道，避免塌方，减少雨水冲刷。

（2）及时清理渠道内的垃圾、淤积物和杂草，保证渠道正常行水。

（3）及时填筑整修渠道外护坡和堤顶，确保工程完整。

（4）渠道两旁的截流沟或引水沟要经常清理，避免淤塞，损坏的要及时修理，减少雨洪水入渠造成渠道淤积和破坏。

（5）在渠道基础发生沉陷、坍塌、孔洞等问题时，应重新对渠堤进行分层回填碾压，修复渠道，保持渠道的原有断面。

（6）对于出现的蚁害、鼠洞，及时投药，对蚁穴、鼠洞填埋并进行土体夯实。

（7）对于用膜料防渗的土渠，当膜料防渗层出现损坏后，可用同种的膜料进行粘补。

（8）渠道在运行过程中，出现局部决口情况时，应紧急停水或降低水位，同时用草袋或土工织物袋装土堵塞，并辅以临时填土夯实等处理。待输水结束后，再进行正规的修理。

（9）每次灌溉停水后，应及时对边坡冲刷部分维修，采取防冲刷措施，对渠底淤积部位应及时清淤。

（10）做好维修养护记录。

（二）衬砌与防渗明渠的维修养护

衬砌与防渗明渠的维护，除遵照土渠维修养护相关内容外，还要做到以下内容。

（1）对于混凝土衬砌与防渗渠道，应进行伸缩缝的维修养护。伸缩缝填料脱落的应及时补充填料。混凝土板如有损坏，应及时修补。如确系因冻胀而引起的破坏，可采取适当加厚垫层或换去冻胀土等措施进行维修。

1）现浇混凝土板裂缝，如果缝的宽度较小，可用灌入环氧树脂的方法进行处理；如果缝的宽度较大，可使用下部填塞防水材料、上部水泥砂浆涂抹的方法修补。

2）预制混凝土板出现砂浆勾缝开裂、掉块等问题时，可采用凿除原砌筑缝内水泥砂浆块，将缝壁、缝口冲洗干净，用与混凝土板相同强度的水泥砂浆填塞、捣实，保湿养护 14d 以上。

3）混凝土防渗层如果严重损坏，如破碎、错位、滑塌等，应拆除损坏的部位，处理好地基土，然后重新进行铺筑。

（2）对于沥青混凝土衬砌与防渗渠道，发生裂缝、隆起和局部剥蚀等问题。

1）1mm 细小的非贯穿性裂缝能自行闭合，一般不必处理。

2）2～4mm 的贯穿性裂缝，可用喷灯或红外线加热器加热缝面，用铁锤沿缝面锤击，使裂缝闭合粘牢，并用沥青砂浆填实抹平。

3）裂缝较宽时，应清除泥沙、洗净缝口、加热缝面、用沥青砂浆填实抹平。

4）如防渗层鼓胀隆起，可将隆起部位凿开，整平土基后，重新用沥青混凝土填筑。

5）对剥蚀破坏部位，经冲洗、风干后，先刷一层热沥青，然后再用沥青砂浆或沥青混凝土填补。

（3）对于浆砌石衬砌与防渗渠道，出现渠道砌石防渗层悬空、勾缝脱落、沉陷、掉块等问题，应将问题部位拆除，冲洗干净再选用质量大小适合的石料浆砌，务使砂浆饱满。对较大的三角缝隙，可用手锤楔入小碎石，做到稳、紧、满。缝口可用高一级标号的水泥砂浆勾缝。对一般较浅的裂缝，可沿缝凿开，并冲洗干净，然后用高一级强度的水泥砂浆重新填筑、勾缝。

二、暗渠的维修养护

（一）砌石箱涵的维修养护

（1）通过检查井和分水竖井及时清理箱涵内的垃圾、淤积物，保证渠道正常行水。

（2）对于砌石出现的悬空、勾缝脱落、沉陷、掉块等问题，应将问题部位拆除，冲洗干净再选用质量大小适合的石料浆砌，务使砂浆饱满。对较大的三角缝隙，可用手锤楔入小碎石，做到稳、紧、满。缝口可用高一级强度的水泥砂浆勾缝。对一般较浅的裂缝，可沿缝凿开，并冲洗干净，然后用高一级强度的水泥砂浆重新填筑、勾缝。

（3）对于砌石箱涵顶板局部的纵向裂缝，可进行补强处理。

（4）对于砌石箱涵顶板裂缝范围较大时，若允许缩小过水断面，则可采用内部支撑的方法维修；若不允许在内部加撑，则需重新翻修。

（5）对于箱涵周边回填、覆盖土方出现的塌陷，应分层用黏土夯实，必要时用灰土分层夯实回填。

（二）混凝土管道维修养护

（1）管壁裂缝漏水时，可采用水泥砂浆或环氧砂浆封堵、抹面等。

（2）管道断裂时，可根据损坏程度，分别采用灌浆（水泥浆或环氧浆液）或内衬补强，必要时更换管道。

（3）冻胀或地面不均匀沉陷使得管道移位，会造成管道局部裂缝而漏水。裂缝小时可采用水泥砂浆或环氧砂浆封堵、抹面及灌浆；裂缝过长过大、漏水严重时应考虑更换管道。

第五节　小型灌溉渠（管）道的安全管理

小型灌溉渠（管）道尤其是明渠和较大的暗渠，安全管理不容忽视。小型灌溉渠（管）道安全管理主要包括人身安全管理、水质安全管理、工程运行安全管理和防洪安全管理等。

一、人身安全管理

人员落水或进入暗渠导致死亡是灌溉渠（管）道管理必须重视的问题。落水的主要原因是：进入渠道取水、洗衣、洗手、清洗农用工具，游泳滑落或小孩玩耍进入暗渠等。应当在易发生问题的渠段设置明显的警示标志，安装防护栏、拦污栅等。

二、水质安全管理

影响水质安全的因素包括水源或上游河渠污染及渠系周边生产、生活废污水排放等。为了保证灌溉水质安全，应建立与水源或上游河渠管理单位协调的机制，及时沟通与通报；对渠系周边进行污染源排查，对重点区域应纳入河长制监管范围；加强巡查，严防生活及生产废水排入渠（管）道。

三、工程运行安全管理

小型灌溉渠（管）道工程运行管理不善或失误造成的运行不安全因素包括：渠（管）道障碍物清除不及时、建筑物开闭不规范、局部损坏维修不及时等管理漏洞，造成漫渠、决堤事故；蚁害、鼠害防治不及时造成渗漏、决堤；箱涵、管道勾缝脱落、鼓顶等维修不及时造成渗漏、决口。为了保证小型灌溉渠（管）道工程的安全运行，运行前，要及时清淤，清除渠（管）道内部杂物；运行过程中，要加强巡查检查，及时清除水面上、拦污栅的杂草及漂浮物；及时发现蚁害、鼠害造成的渗漏点；及时发现暗渠变形造成的渗漏位置；制定严格规范的运行管理制度，确保工程运行安全。

四、防洪安全管理

小型灌溉渠（管）道，尤其是处于山脚处的明渠，在特殊水文年份，将面临洪水冲刷、洪水漫渠淤积；临近河流的渠道面临河水暴涨，造成河水满渠淤积；低洼渠道，受到雨洪水浸泡和冲刷而损毁等威胁。这些渠道应制定防洪预案。汛期加强巡查，对特殊渠段应进行维修加固。

第二章

小型排水沟道运行管理与维护

小型排水沟道系统是田间灌排工程的组成部分，是灌排体系不可或缺的组成部分。其主要功能是排除地面径流、降低和控制农田地下水位，还有农田泄洪、除涝、排渍的作用。灌区排水沟道与灌溉渠道具有同等重要的作用。重视排水沟道管理，明确管理任务与目标、落实管理人员与管理经费，保障沟道运行安全，是小型农田水利工程管理的主要任务之一。

第一节 概　　述

一、排水沟道分类与功能

本章讨论的农田小型排水沟道主要指涝区设计控制排水面积 3 万亩以下的小型排水沟系及灌区末级固定排水沟系。

（一）排水沟道分类与功能概述

农田排水沟道可分为地表排水沟道和地下排水暗管两大类。

地表排水沟道按照其主要功能又可分为 排洪（截流）排水沟、除涝（除渍）排水沟、灌排结合排水沟等。排洪（截流）排水沟主要用于拦截农田外围周边洪水，使之就近汇入排水干沟或承泄区，保护农田免遭洪水危害。除涝排水沟主要用于汇聚并排泄田间超过作物耐淹水深的那部分涝水，保护农作物免遭涝水淹没。除渍排水沟主要用于汇聚并排泄田间渍水，降低田间地下水位，改善土壤生态条件。一般情况下，末级固定排水沟兼有排涝与排渍功能。灌排结合排水沟除了排洪排涝功能外，同时还有拦蓄上游水量供下游农田灌溉用之功效。

地下排水暗管主要用于降低（控制）田间地下水位。一般埋入田间耕作层以下，埋深80～230cm。这类暗沟构筑成本高、施工难度大、运行维护难。只在有特殊要求的渍害治理工程中使用。

（二）排水沟系分级

排水沟系通常可分干、支、斗、农沟4级。就本章讨论的小型排水沟系而言，涝区排水沟系一般包含干、支、斗、农沟4级，灌区末级固定排水沟系一般包括支沟、斗沟、农沟3级或斗沟、农沟2级。

二、排水沟道特点

小型排水沟系有以下主要特点。一是横断面小。除涝区排水干、支沟外，灌区末级固定排水沟系担负的排洪、除涝面积小，运行流量小，故其断面较小。二是边坡多为土质，衬砌率低，易垮塌淤塞。一般而言，排水沟道多兼有排渍任务，且边坡不高（通常为数十厘米），故排水沟道少有衬砌，更不会用混凝土衬砌。这样，运行中因水流冲刷、干湿交替等不利条件易致边坡局部垮塌、淤塞沟道，影响沟道运行，沟道管理工作中应对此重点关注。三是小型排水沟系由于其沟床为土质，干湿交替，极易滋生杂草，又由于流量小、流速低，易形成泥沙淤积。四是小型沟道遍布田间，易受耕作活动干扰、损毁。

三、排水沟道管护一般要求

保持沟道断面稳定、排水通畅，保障上下级沟道之间的运行通畅，是沟道运行管护的基本要求。为此，工程管理职能部门应针对小型沟道的特点，制定专门管护制度，明确管理职责，安排专人负责辖区沟道运行管理与维护。由于小型沟道运行中易受各种自然、社会因素干扰、损毁，且往往因工程微小而无固定的工程维护资金来源，为此，应尽量创造条件，开拓小型沟道运行维护与维修资金筹资渠道。做到沟道管护有专人、资金有来源。

第二节　小型排水沟道的观测与巡查

一、地面排水沟道观测与巡查

沟道观测与巡查是沟道运行管护的日常工作，通过巡查，可以随时掌握沟道工况，及时发现沟道垮塌、淤塞等险工隐患并组织人工及时处理，从而确保沟道保持正常状况。为此，沟道管理人员须定期或不定期开展沟道巡查工作。观测与巡查通常分 3 个阶段，即汛前检查、汛期（运行期）观测与巡查、冬修前检查。

（一）汛前检查

为保障沟道运行通畅，保障农田有效抵御洪涝灾害，每年汛前应对主要沟道特别是干、支两级沟道做一次全面检查。检查方式是管理人员对沟道沿线现场查勘目测，目的是检查沟道断面是否完整、边坡是否有坍塌、是否有淤积堵塞等影响沟道正常行洪的现象，沟道建筑物是否有损毁或安全隐患。如有，应及时组织维修加固，保障沟道在洪水发生时能正常发挥泄洪、排涝、排渍之功效。

（二）汛期（运行期）观测与巡查

为维护沟道正常运行，管理人员应根据需要，在汛期加强对沟道的观测与巡查。在泄洪排涝运行过程中，管理人员应加强对沟道行洪水位或田间涝水位观测，凭经验判断是否有异常现象。如发现沟道水位或田间涝水位异常壅高，则说明下游沟道有堵塞故障。此时应立即沿线查勘，查找工程故障点，查明原因，立即组织抢修。在汛后空隙期间，管理人员应不定期对沟道沿线巡查，除检查工程情况外更重要的是及时发现并制止人为在沟道内栽种、设置障碍物（如临时道路等）、倾倒杂物、任意塞坝拦水等破坏沟道断面、影响沟道行洪的现象。

（三）冬修前检查

我国农村有冬修水利的优良传统。一般利用冬季休耕季节加固、维修农田水利设施。因此，沟道管理人员应在冬修前对沟道做一次全面检查。冬修检查的目的是查明各级沟道是否有垮塌、淤积堵塞等工程故障或隐患，估算工程量，为编制工程冬修计划、实施工程维修加固提供依据。

二、地下排水暗管观测与巡查

地下排水暗管由于深埋地下，工程状况难以目测。一般通过观测暗管出口水流流量大小、水流颜色（是否浑浊）的变化，凭经验判断是否异常。如果出口水流明显减少，则有可能发生暗管堵塞故障；如果突然出现水流浑浊现象，则有可能发生暗管穿孔、垮塌故障；如果出现田间长期渍水而暗管出口水流异常小的情况，则有可能发生暗管堵塞失效故障。

第三节　排水沟道运行管理

保持排水沟道安全有效运行将直接关系沟道周边村庄、农田防洪除涝安全、农作物稳产高产、农村生态环境美化等。搞好排水沟道管理是农村基层水利管理部门、当地村委会、乡镇政府的重要任务。因此，为保障小型排水沟能够得到切实有效管理，需要明确排水沟运行管理任务、制定管理制度、落实管理人员与职责。

一、排水沟道运行管理基本要求

（一）地面排水沟道运行管理基本要求

（1）泄洪除涝排水沟除了承担宣泄田间洪涝水的任务，还有承泄沟道上游周边区域洪水的任务。除确保沟道断面稳定、畅通，保持沟道有足够泄洪能力外，对兼有排渍任务的沟道，还应确保沟道具有足够深度以保障能有效排除田间渍水，控制地下水位。

（2）汛前应及时清除沟道底部淤泥、杂草，保持沟道断面稳定、泄洪通畅，保障沟道能够达到设计排洪、排涝及排渍要求。

（3）对灌排结合排水沟道，应保障拦蓄设施启闭灵活。临汛前拦蓄设施处于开启状态，保障沟道具备随时泄洪排涝的能力。汛末应适时关闭拦蓄设施，以有效拦蓄部分径流，为沟道下游农田提供灌溉水源。

（二）地下排水暗管运行管护基本要求

地下排水沟道由于深埋田面以下，运行中出现的主要问题是管壁的破坏及管道的堵塞。运行管护的基本要求是：适时观测沟道出口水量及排水颜色，根据经验判断沟道运行是否正常，尽量做到能够随时发现沟道运行异常状况，以便及时采取维修措施。

二、地面排水沟道运行管理

相对于大型排水沟道管理而言，小型地面排水沟道运行管理有以下特点。

（1）邻近村庄的地面排水沟道，易受村民生产、生活垃圾弃置影响导致沟道淤塞。

（2）地势平缓的地面排水沟道常因流量小、坡降缓易滋生杂草形成淤塞。

（3）地面排水沟道易受大牲畜放养、农田耕种作业影响导致沟道边坡垮塌堵塞。

为此，应针对上述特点制定沟道运行管理相应措施，明确运行管理任务。

（一）建立健全管理机制、制定管理制度

建立健全合理的管理机制、完善的管理制度是保障小型排水沟道得到有效管理的必要条件。应结合当地的实际情况建立一套能保障沟道得到长期有效管理的机制，制定一套具有较强的可操作性的管理制度，引导村民自觉维护沟道工程设施、有效制止损毁沟道行为，强化沟道管理。

1. 健全管理机制

小型排水沟道分布于田间地头，涉及千家万户，为了实现对沟道的有效管理，需要制定一套有效的运行管理机制，落实管理人员及责任。

沟道管理应该与灌溉渠道管理处于同等重要地位。对于田间小型排水沟道，一般采取分级管理、统筹协调的管理机制。

分级管理、统筹协调管理机制指将灌区范围内的排水沟道划分为若干基本管理单元，各基本管理单元独立承担各自排水沟道运行管理任务，但

同时受其上一级机构（如乡水利管理站、灌区干渠管理所等）统一领导协调与业务指导。基本管理单元划分通常有以下的方式。

（1）按行政村组控制的面积或按支渠灌溉范围划分。

（2）按农民用水户协会管理区域或末级沟道排水区域划分等。

基本管理单元管理责任人可根据管理单元的具体情况，由村组指定专人、农民用水户协会民主推荐或实行承包等形式确定。

2. 制定管理制度

农田小型排水沟道管理人员一般为兼职，制定管理制度时应力求容易被群众理解并支持，做好宣传，讲明利害，层板明示。管理制度通常包括以下内容。

（1）明确沟道管理范围和管理责任人及其责、权、利。

（2）明确禁止影响沟道正常运行的行为、事项。

（3）制定保护沟道的乡规民约。

（二）运行前准备

排水沟道运行主要发生在汛期或遭遇大雨、暴雨时。因此，临汛前为保障沟道在发生洪涝灾害时能够及时发挥作用，应对沟道进行必要的检查、维修等。

（1）临汛前检查：汛期或雨季来临前，应对沟道进行一次全面检查，查明排水体系是否通畅，是否能满足泄洪除涝要求，找出影响沟道运行工程损毁、险工险段等障碍因素，以便随时组织修复。

（2）维修加固：对检查发现的工程险工隐患及时组织维修加固，保障沟道处于完好状况。

（三）运行期管理

运行期管理任务主要包括巡查、沟道排水调度管理、工程抢险抢修等。

1. 运行中巡查

运行中应适时开展沟道巡查，检查沟道排洪、排涝效果，管理人员应通过巡查、观测沟道主要控制断面水位状况、田间排涝水位状况，掌握沟道运行状况，以便发现问题及时处理，保障沟道发挥泄洪除涝作用。

2. 沟道排水调度管理

为了提高排水效率、减少排水能耗，涝区排水沟系通常建有排水控制闸，以实现"高水高排、低水低排"。故沟道运行中应合理调度、操作这些控制闸门，提高排水效率。

地面排水沟道运行管理总体上应做到"四分开、两控制"。

（1）"四分开"。

1）内外分开。即筑堤圈圩，建闸拦截外围径流。圩口建节制闸或套闸，以闸节制圩内水位。当圩内水位高于外河，可开闸自流排水，如外河水位高涨，高于圩内水位，可闭闸挡水，必要时开启泵站抽排。

2）高低分开。即利用沟网、节制闸联合调度，等高截流，实行高水高排，低水低排。

3）水旱分开。水田与旱作相邻地带，宜设截渗排水沟，将水地、旱地隔开。

4）排灌分开。有条件的地方灌溉与排水体系分开布置，自成体系，独立运行，互不干扰。

（2）"两控制"

1）控制内河水位，以满足圩内蓄洪、排涝及作物对地下水位的要求。对有蓄洪任务的圩垸，汛前预降水位要因地制宜，密切注意气象预报，作出水情演变，以有利于提高排涝标准和控制地下水位。

2）控制地下水位。汛后应及时排出圩垸内涝水、渍水，满足作物对地下水位的控制要求。

（四）汛后管理

沟道经过一个汛期或雨季运行后，工程状况难免出现一些损毁，为保持沟道随时处于正常状况，以有效应对下次降雨，沟道运行期结束后应及时做一些必要的管理工作，包括工程状况检查、工程维修养护等。

1. 退水期管理

对灌排结合沟道，管理人员不仅要保障泄洪除涝时排水通畅，还要抓住退水期末的有利时机，及时关闭拦水坝闸门，下闸蓄水。抗旱期间，更应加强巡查，检查是否有任意在沟道填坝蓄水、任意开沟引水、拦网养鱼等有碍沟道运行的行为。

2. 汛后检查

经过一场降雨的泄洪除涝运行后，及时开展巡查，检查沟道断面是否有水毁和垮塌淤填、沟道建筑物是否完好。发现问题及时组织抢修，保障下一次泄洪除涝安全运行。

（五）应急抢修和岁修

小型排水沟道在泄洪除涝时出现水毁和跨堤、建筑物出现险情等状况的概率很高。因此，应事先制定工程抢修预案，明确抢险抢修的组织实施方式、经费来源或筹资渠道，以便当巡查发现沟道运行中出现险情，危及沟道安全运行或因洪水、地质因素造成边坡垮塌等情况时，可立即组织抢修，尽快恢复沟道正常运行。

三、地下排水暗管运行管理

地下排水暗管易受耕种活动影响而致挤压破坏，且由于断面小而无法检查、维修，一旦某处破坏极易导致整个地下排水体系大部分甚至全部失效。日常运行管理应根据作物需水规律适时开启排水暗管出口控制闸门，合理控制地下水位。

（一）稻作区

（1）一般均关闭控制门保水。

（2）在水稻晒田期和落干期开启控制门，利用暗管、鼠道排水，并按要求的地下水位埋深和当时的气候情况，严格控制排水时间。

（3）在淹灌期按稻田适宜日渗漏量和田间水管理及调节地下水位的要求，开、关控制门控制排水，以防止肥料流失，通常施肥后三天内不宜排水。

（二）旱作区

（1）在正常情况下，应按作物不同生育阶段所要求的适宜地下水位埋深和雨后地下水位的下降速度指标进行排水。通常，麦作幼苗期和越冬期应关闭控制门，返青至成熟阶段对土壤通透性要求较高，控制门应开启，使内河水位最好处于控制口以下，以利自由出流。

（2）在干旱季节，应根据墒情关闭控制门，控制地下水位，以防灌溉入渗水排出，使地下水位有一定程度的升高，有利于保墒抗旱。

（3）灌溉后控制排水，可以避免水分流失。为保证吸水管调控地下水位时排水通畅，集水管中的水位应满足管理运用的要求。

1）在汛期应满足排涝和防渍的双重要求，即排涝时允许短时间的高水位，之后应迅速下降，以达防渍的要求。

2）防止因汛期暴雨水土流失产生的泥沙进入暗管，尤其是排涝明沟中水流含沙量较大处，应防止因沟中水位过高进入管道而产生淤积。

第四节　排水沟道维修养护

排水沟道维修养护主要任务如下。

（1）对行洪后沟道出现的淤积及时组织清淤疏浚，对沟道边坡垮塌及时整治，夯实，恢复到原边坡，对易坍塌的部位用混凝土或石块护坡。

（2）对沟道底部滋生的杂草及时清除；边坡的杂草剪去上部，可使排水畅通，保留杂草根部，利于固定边坡。

（3）对沟道中出现的私自拦坝、拉土、挖土、拦网等影响沟道运行的设施及时清除；对沟道运行中存在的阻水卡水断面扩挖疏浚等。

一、地面排水沟道维修养护

（一）维修养护的一般要求

（1）进行经常性的检查维修、养护工作及定期性的清淤、整修工作，使排水系统畅通无阻。

（2）禁止在排水沟道内倾倒垃圾、杂物，定期清除杂草及沟底灌木，防止阻水淤积。

（3）禁止在排水沟道内打坝堵水、拦网养殖等行为，以防止堵塞沟道，影响沟道泄洪排涝。

（4）排水系统的干、支沟（渠）两旁应植树造林、绿化环境，既保护渠堤，又可增加收入。

（5）划定工程管理范围，任何集体或个人不得侵占管理范围内的土地。

（二）日常养护

（1）春播后要做好排洪、泄洪前的准备工作。在汛期要及时泄洪、排涝，防止洪涝灾害的发生。

（2）在杂草生长期内要及时清除沟道底、边坡、戗台和弃土堆上的杂草和灌木。

（3）清除排水沟道中的堵塞物，如漂浮在沟道中的乱木、杂草；堆积在沟道的砖头石块、小草丘、枯枝、秸秆等，挖除阻碍水流的土堰。

（4）清除沟道中一切临时落入水流中并能阻碍水流的物体，如植物根、茎、叶，土块，乱石砖瓦，垃圾等。

（5）及时堵好、填实沿排水系统的灌溉田块向排水沟泄水的冲沟、土口。

（三）定期维修

（1）清除沟道中的杂草与灌木。对于夏季无水或少量流水的排水沟和集水沟道，可用普通的镰刀进行人工除草。清除沟道中的草类最好在开花前或在开花期间进行，不宜在草籽成熟之后进行。以免草籽重新繁殖。在秋天沟道封冻以前，应再进行一次刈割或消灭杂草。

（2）在汛期过后对排水沟道进行检查，根据损坏情况进行大修或小修。

（3）清除放水的喇叭口、涵管口、桥孔、闸孔及排水沟上观测井、测水设备等附近的杂物。

（4）清除阻碍沟道排水的小浅滩，修理沟道受冲刷的部位，加固个别冲刷部位等。

二、地面排水沟道险工隐患除险加固

（一）排水沟道险工隐患的形式

沟道的险工隐患主要分为沟道整段沉陷、沟道边坡垮塌、沟底和边坡冲刷、沟道淤塞、喇叭口和沟口部分的损坏及沟道、建筑物破坏等。

（二）排水沟道险工隐患的原因

（1）在沼泽地排水过程中，腐殖质土壤即产生物理和化学变化，由于未经排水的沼泽地，土壤中含有大量的不流动的水分，出现饱和或过饱和状态，随着排水沟道的开挖和长期的排水，沼泽土壤便自行固结，并发生沉陷。在排水后的最初阶段，其沉陷量约为渠道深度的15%～40%。以后沉陷逐渐变小变慢，一般排水渠运用一两年后，沉陷即可基本停止。

（2）有些沼泽地或盐渍化的土壤黏结性不均匀，在风化与分解作用下，将会丧失其黏结性，沟渠的边坡便会发生脱坡现象，沿沟渠土壤便成片成块地从边坡滑落下来，使沟渠断面丧失了它原来的形状。

（3）在深挖方的情况下，沟道底穿越多种不同的土壤层，在地下水逸出处便可能发生土粒被地下水携出的现象。天长日久，便在沟坡处形成大的空隙，从而沿沟坡形成横向或纵向裂缝。裂缝越来越大，最后坍塌在沟道槽内，沟道的过水断面被坍塌的土块淤塞甚至阻断。

（4）沟道底的破坏常常是由于上级排水沟渠与下级沟渠底衔接的不合理而引起的。如果下级排水渠正常水位低于上级排水沟的水位，则会造成跌流，这种跌坡将会沿沟逐渐向上游发展冲刷沟槽，如不及时增建跌水或陡坡，就会造成排水沟道的严重冲刷。

（5）在枯水期，小水流在渠底随意乱流。随着渠堤两岸滑塌淤积及部分冲刷，逐渐形成一条具有局部沉陷或淤积的弯曲渠槽。以后在隆起的地方便开始生长杂草或灌木，而这些杂草灌木则更加速了沟道的淤积浅滩，使渠道的过水断面与输水能力减小，甚至丧失排水能力。

（6）如灌溉渠道与排水沟道平行布置，当灌溉渠道放水时，由于深层渗漏造成渠水与地下水连接，从而增大了地下水的排除量。靠灌溉渠道一侧的排水沟边坡由于土壤水增加极易发生滑坡。有时灌溉渠与排水沟相邻很近，即使地下水埋藏很深，也会发生滑坡。

（7）排水沟有的受地表径流而冲刷，有的受灌溉余水的冲刷，再加上沟床土质比较松散，又缺乏保护边坡的必要措施，则在暴雨期间或超定额灌溉时，常会引起边坡的冲刷而发生坍塌。

（8）设计排水沟边坡时，采用的边坡较陡。

（9）开挖排水沟道时，弃土堆离沟边太近，不仅妨碍排水，而且形成积水下渗，造成坍塌淤积。另外还造成堤顶压力太大，影响沟道边坡稳定，有些边坡土体达到饱和或过饱和状态，促成滑坡。

（10）排水沟经过土壤含盐较大地区，边坡渗水后被溶解为流体状态，很容易使边坡坍塌。

（三）沟道边坡险工隐患除险加固措施

1. 边坡排水

在边坡内铺设波纹排水管平行沟道走向，在波纹内壁上打孔并缠绕土工布，将田间土壤中的饱和水渗入波纹管后集中从管道流出进入排水沟，减轻土壤水对管道边坡的冲刷。

2. 衬砌防渗

排水沟平行布置相距很近且渗漏严重的灌溉渠道，应采取衬砌防渗措施，减少渠道渗漏，防止相邻排水沟堤土壤水分增多，这样可以大大减少排水沟道边坡滑塌。

3. 调整边坡

为了提高边坡的稳定性，将原来渠道较陡的边坡，根据当地土壤质地及地下水位情况，适当削坡放缓，削坡前已松散滑塌土体，应全部清除干净。如清除后的边坡仍不稳定，可用附近较好的黏土分层回填夯实后，再按设计要求削坡。

4. 沟堤护坡

（1）由于沟道弯曲或建筑物上下游流速加大或由于地面径流排入沟中等原因造成的冲刷坍塌，一般用块石、卵石或混凝土块等进行护砌，砌石厚一般为 30cm 左右，这种护砌方式，既要起到防止渠堤坍塌的作用，又要不妨碍地面水与地下水的排入，如沟床土质为重质土壤或砂砾可以不做反滤层，如为轻质土壤则应做反滤层。

（2）有些排水沟道经过地下水较高的流泥或流砂层时，易发生管涌，这样的沟段，除护砌外，必须要做反滤层。现在一般用土工织物做反滤层，效果良好，造价也不高。其结构方式如图 2-1 所示。其排水防塌体为四层。第一层为干砌块石、卵石或带排水孔的混凝土预制块，用作保护层并防冲，厚 20~30cm；第二层为垫层，由粗砂或小砾石组成，厚 10~15cm；第三层为土工织物反滤层，可根据各种工程设计选用；第四层为砂过滤层，位于被保护土层与土工织物之间，该层设置与否，应视保护土的粒径及管涌的情况而定。用作反滤层的土工织物，主要取决于它的水力学性能。

（3）由于地面径流或田间灌溉跑水时排水沟边坡造成的冲刷坍塌。除修好田间工程，采用先进的灌水技术，严格控制灌水定额外，还可以沿排水沟两岸修筑小土埂，拦截地面径流，使水流在固定地点流入排水沟。这

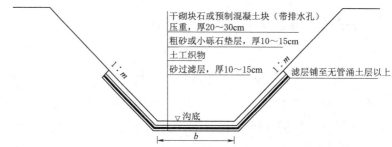

图 2-1　梯形沟道排水反滤结构图

m—渠道边坡系数；b—沟底宽度

些固定排水地点，亦应修建跌水、喇叭口等排水、泄水建筑物，进行护坡、护底，防止冲刷坍塌。

（4）在有些坍塌滑坡不太严重的地段，可在沟外坡种柳，以巩固沟堤，减少坍塌。有些深挖方的排水干、支沟可在最大排水位以上种草固坡。草的种类各地不同，原则上宜采用滋生力强、根株密结的草类，如牛毛草、香茅草等。有些排水沟凹岸有局部冲刷，也可用打桩编柳等办法，防冲防塌。

排水沟的破坏原因及治理措施见表 2-1。

表 2-1　　　　　　　　　排水沟的破坏原因及治理措施

沟道破坏	破　坏　原　因	治　理　措　施
沼泽土的沉陷	沼泽土层变得密实，沟道深度减小	疏浚沟道
	下层沼泽土下陷，造成沟道下陷	不需治理
	边坡渠道不均匀沉陷，造成纵横裂缝	清理渠道和边坡
	由于渠底和边坡的沉陷，埋在边坡内的树桩、树干外露	清理树桩、树干
边坡的破坏	稀泥和盐类从边坡后流出，边坡排水，表层土壤坍落	修整塌落段加固边坡基础
	由于弃土堆的压力，沼泽土层隆起	清理弃土堆，平整渠底边坡
	气候因素影响下，边坡表层龟裂和剥落	在边坡上种草或铺草皮，定期清理沟道
	地表水流入沟道冲刷边坡，地下水渗出边坡坍落破坏	种草、加固边坡，排除地表水、地下水

沟道破坏	破　坏　原　因	治　理　措　施
渠底和边坡的冲刷	流速大，冲刷渠底和纵横断面	修建小跌水和陡坡减缓坡降
	沟渠交叉地点渠底和边坡的冲刷	减缓坡降、加固冲刷段、种草
	渠道与承泄区或其他级渠道连接时渠口部分冲刷	在连接地点修建跌水或陡坡
	流量大的排水闸喇叭口出口部分的冲刷	草皮或加固边坡喇叭口
	渠道在曲率半径小的转弯地点上的冲刷	加固凹岸增大曲率半径
	在裁弯取直段承泄区的冲刷	疏浚加深裁弯取直段
渠道的淤积	渠道中砂和淤泥的沉积和土壤细颗粒的淤积	加固冲刷段，渠道清淤
	水流不均匀、流速低引起的淤积	改善渠底坡降
	沟道内杂草丛生流速降低	加强日常维护，及时割除杂草
	向沟道内乱抛污物，造成堵塞	加强管理，及时清淤
渠底、边坡的杂草丛生	渠道中水生植物丛生	刈割草类，用树冠大的灌木和乔木树种遮阴渠道
	渠道边坡和平台上丛生木本植物和杂草，因而降低渠道的输水能力	局部的砍伐减少渠道过水断面的树木和草类
平台、弃土堆、喇叭口和渠口部分的损坏	边坡滑坡的损坏	加固边坡
	修筑通车道和步行小路的破坏	加固平台，修筑绕行道路
建筑物的损坏	洪水对建筑物的冲刷和掏刷	（1）系统地检查建筑物的使用情况； （2）及时维护修理，合理运用建筑物，防止冲刷； （3）流冰前破冰，修筑防阻冰和浮游物体的拦污设施，清除阻塞物和冰塞等； （4）加强法制宣传、强化防护措施等
	冰和浮游物体冲坏建筑物	
	不及时修理造成建筑物损坏	
	盗窃木材和其他材料零件	

三、地下排水沟道（暗管）维修养护

（一）地下排水沟道出流量的检查方法

地下排水沟道（暗管）的出流检查应在灌溉或雨后进行，如发现出流量减少或不出流，应及时查找原因并确定局部淤堵部位，立即维修。

（1）采用通条或直观检查暗管出口段有无淤堵。

（2）利用检查井检查。一般集水管每隔一定距离设置一个检查井，并可兼作沉沙池。检查井可用砖石砌筑或预制混凝土构件现场安装。井口需露在地面以上 10～30cm，也可加盖埋在地面以下，以方便交通。井径一般不小于 60cm，以便于下井检查，检查方法同上。

（二）地下排水沟道（暗管）的维修

1. 暗管的清理

（1）刮擦法。把聚氯乙烯硬管或竹条结扎成的清淤杆条推入暗管内，用装在杆端的附件搅动沉积物，并清除出暗管外。杆端附件常用翻动铁片，当向暗管内推进清淤杆管时，铁片与暗管轴平行；当拉出清淤杆管时，铁片则与暗管垂直，可从暗管中刮出沉积物。杆端附件也可用直径稍小于排水暗管的涝筒以及搅动沉积物的刷子等。

（2）冲洗法。用带射流管嘴的软管，把清水射入暗管内，松动沉积物，并与射出的水一同排出暗管。

2. 暗管排水系统附属建筑物的维修

控制建筑物失灵、漏水或破损时，应及时维修或更换。定期清理检查井内的沉积物。

第五节　排水沟道安全管理

一、安全隐患形式

本章讨论的沟道安全管理主要针对人身安全、禽畜安全而论。就小型排水沟道而言，涝区排水干沟、支沟、灌区末级固定支沟或斗沟应注意运行安全管理。通常，这些沟道安全隐患表现如下。

（1）排水流量超过 $1m^3/s$ 或水深超过 1m 的沟道，由于水深坡陡，禽畜一旦跌入，会有生命危险。

（2）一些邻近村庄的沟道，村民有从沟道取用水的习惯，如洗衣、洗菜等，如防护不当，易发生危险。

二、安全管理措施

为杜绝安全事故，沟道安全管理宜采取以下措施。

（1）设立安全警示牌或公告牌。在有安全隐患的危险地段，设立必要的安全警示牌，标明危险范围、提示注意事项，以提示人们注意用水安全。

（2）修建必要的取用水码头、护栏。在有从沟道洗衣洗菜需求的地段，修建用水码头，配套必要的护栏，以方便村民用水、防止安全事故。

（3）在禽畜安全事故易发、高发的沟段，设立必要的围护栏杆，防止禽畜进入。

第三章

小型灌溉排水建筑物运行管理与维护

第一节 概 述

小型灌溉排水建筑物是农田灌排系统的重要组成部分，主要任务是对灌溉渠系来水和田间需要排除的涝水进行控制和分配，灌溉排水建筑物的运行管理与维护是农田灌排工程管理的重要内容。

小型灌溉排水建筑物是指流量小于 $1m^3/s$ 的灌溉渠道上和排水面积小于 3 万亩的排水沟上的各类建筑物。

一、小型灌溉排水建筑物的分类

小型灌溉排水建筑物按其作用不同可分为输水建筑物、控制建筑物、连接建筑物、泄水建筑物、交通建筑物和量水建筑物等。

（一）输水建筑物

输水建筑物也称为交叉建筑物。灌溉明渠在穿越河流、沟谷、洼地、道路或其他沟渠时，需要修建交叉输水建筑物。对于小型灌溉暗渠，一般不再需要专设交叉输水建筑物，通过调整暗渠的坡度、位置即可完成穿越任务。常见的小型输水建筑物有渡槽、倒虹吸和涵洞等。

1. 渡槽

渡槽又称为过水桥，是灌溉明渠水流跨越河渠、溪谷、洼地和道路的交叉建筑物，具有水头损失小、淤积泥沙易于清除、维修比较方便等优点。

　　渡槽主要由进口段、出口段、渡槽槽身和支承结构等部分组成。进口段和出口段是渡槽槽身的两端与渠道连接的渐变段，并起平顺水流的作用；渡槽槽身主要起输水的作用，其过水断面型式有矩形、U 形、半椭圆形和抛物线形等，通常为矩形和 U 形；支承结构是支承渡槽主体荷载的结构。

　　渡槽适用的条件是：①灌溉明渠与道路相交，渠底高程高于路面，且高差大于行驶车辆要求的安全净空时；②灌溉明渠与河沟相交，渠底高程高于河沟最高洪水位时；③灌溉明渠与洼地相交，为了避免大量填方，或洼地中有大片良田时。图 3-1、图 3-2 为较典型的梁式渡槽平面布置图和纵剖面图。

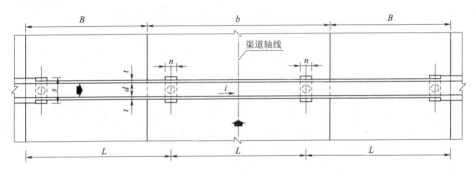

图 3-1　梁式渡槽平面布置图

d—渡槽净宽；t—渡槽壁厚；L—渡槽单节长度；i—渡槽纵坡；n—墩帽宽度；

s—墩帽长度；m—边坡系数；B—河沟坡宽；b—河沟底宽

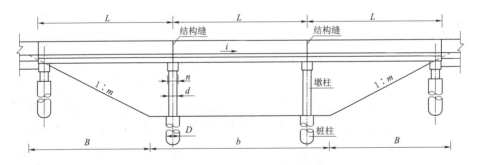

图 3-2　梁式渡槽纵剖面图

L—渡槽单节长度；i—渡槽纵坡；n—墩帽宽度；s—墩帽长度；m—边坡系数；

B—河沟坡宽；b—河沟底宽；d—桩柱直径；D—墩柱直径

2. 倒虹吸

渠道与道路或河道沟道交叉时，不适宜修建渡槽，只能在道路或河道沟道底部修建管道或箱涵，使渠道内的水流通过，这种建筑物像倒虹一样，通常称为倒虹吸。

小型倒虹吸的主要优点是：①可避免高空作业，施工比较方便，工程量较少；②可节省劳力和材料，不受河（沟）道洪水位和行车净空的限制，对地基条件要求较低，单位长度工程造价较小。缺点是水头损失比较大，管内的积水不易排除，清淤比较困难，管理不便。

倒虹吸适用的条件是：①渠道水头比较富裕，含沙量小，且与穿越的河沟有通航要求；②渠道与道路交叉，渠底虽高于路面，但高差不满足行车净空，无法修建渡槽；③渠道与河沟相交，渠底低于河沟洪水位，或河沟宽而深，修建渡槽下部支承结构复杂，而且需要高空作业，施工不便，或河沟的地质条件较差，不适宜做渡槽。图3-3、图3-4是较典型的预制混凝土圆管竖井式倒虹吸平面布置图、纵剖面图。

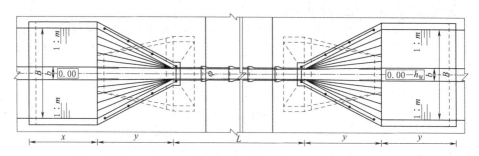

图3-3　预制混凝土圆管竖井式倒虹吸平面布置图

L—洞身段长度；m—边坡系数；ϕ—涵管内径；b—渠道底宽；B—渠道口宽；x—上游护砌段长度；y—连接段及下游护砌段长度；h_w—倒虹吸水头损失

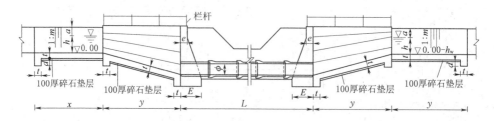

图3-4　预制混凝土圆管竖井式倒虹吸纵剖面图

h—设计水深；a—渠顶超高；t—护底及齿墙厚度；h_w—倒虹吸水头损失；L—洞身段长度；m—边坡系数；ϕ—涵管内径；e—挡土墙顶宽；E—挡土墙底宽；x—上游护砌段长度；y—连接段及下游护砌段长度

3．涵洞

涵洞是渠道或排水沟穿越道路时常用的一种交叉建筑物，一般孔径较小，涵洞的形状有管形、箱形及拱形等。此外，涵洞还是一种洞穴式水利设施，设有闸门的涵洞可以调节水量。图3-5、图3-6是常见的圆形涵洞平面布置图、纵剖面图。

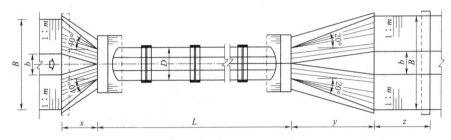

图3-5　圆形涵洞平面布置图

L—洞身长度；D—洞身外径；m—渠道边坡系数；b—渠道底宽；B—渠道口宽；

x—上游连接段长度；y—下游连接段长度；z—下游护砌段长度

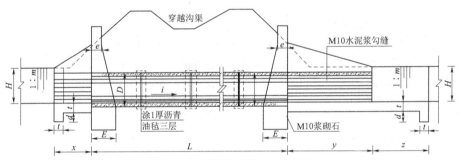

图3-6　圆形涵洞纵剖面图

L—洞身长度；D—洞身外径；i—洞身纵坡；H—渠深；m—渠道边坡系数；

d—齿墙深度；t—护底及齿墙厚度；e—挡土墙顶宽；E—挡土墙底宽；x—上游连接段长度；

y—下游连接段长度；z—下游护砌段长度

（二）控制建筑物

控制建筑物也称为分水建筑物，包括分水闸和节制闸等，主要控制灌溉渠道、排水沟的流量和水位。

1．分水闸

分水闸是上一级渠道向下一级渠道配水或上游排水沟向下游排水沟分水的控制建筑物。布置于各级灌溉渠道的引水口处或排水沟渠的末端。设置在干、支渠（沟）上的配水控制建筑物，一般称为分水闸；设置在斗、农渠（沟）上的配水控制建筑物，一般分别称为斗门和农门（斗沟和农沟一般不设分水设施）。图3-7、图3-8是较典型的钢筋混凝土盖板式分水闸平面布置图、纵剖面图。

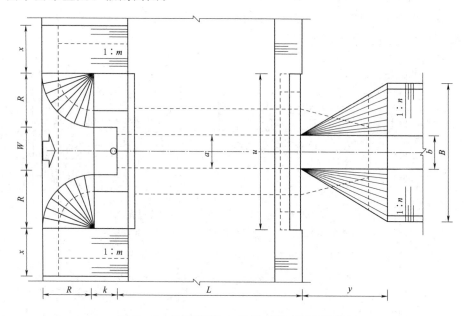

图 3-7　钢筋混凝土盖板式分水闸平面图

a—洞身净宽及净高；W—闸孔净宽；k—闸前墩长；R—锥坡底半径；L—洞身长度；
x—干渠护砌长度；y—扭面长度；b—支渠底宽；B—支渠口宽；m—干渠边坡系数；
n—支渠边坡系数；u—洞身出口挡土墙长度

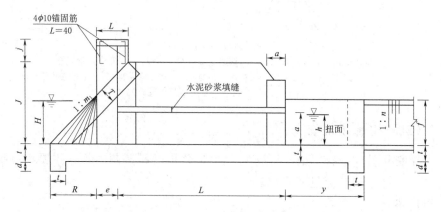

图 3-8　钢筋混凝土盖板式分水闸纵剖面图

a—洞身净宽及净高；k—闸前墩长；J—闸墩高度；j—机架桥高度；l—机架桥长度；
H—闸底板以上干渠水深；h—闸后水深；f—支渠渠深；L—涵洞长度；y—扭面长度；d—齿墙深度；
t—齿墙厚度；T—干渠护坡厚；m—干渠边坡系数；n—支渠边坡系数；e—洞身出口挡土墙厚度

2. 节制闸

节制闸是指调节上游水位，控制下泄流量的水闸。节制闸主要有以下作用：①关闭闸门抬高渠道中的水位，便于向下一级渠道分水；②截断渠道中的上游水流，保护下游建筑物和渠（沟）道的安全。图3-9、图3-10是较典型的开敞式节制闸平面布置图、剖面图。

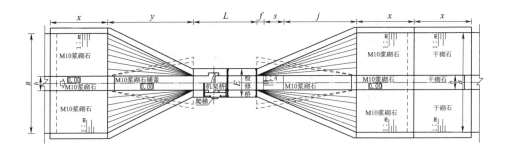

图 3-9　开敞式节制闸平面布置图

b—渠底宽度；B—渠口宽度；x—上游护砌段、浆砌石海漫及干砌石海漫长度；y—上游扭面长度；
E—机架桥宽度；f—消力池上游连接段长度；s—消力池斜坡段长度；j—消力池水平段长度；
L—闸室长度；m—边坡系数

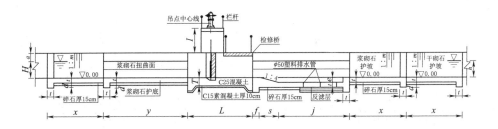

图 3-10　开敞式节制闸剖面图

H—闸前水深；h—闸后水深；a—渠顶超高；t—护底、齿墙及消力池底板厚度；d—齿墙深度；
T—闸室底板厚度；I—机架桥高度；f—消力池连接段长度；e—消力池深度；s—消力池斜坡段长度；
j—消力池水平段长度；m—边坡系数；x—上游护砌段、浆砌石海漫及干砌石海漫长度；
y—上游扭面长度；L—闸室长度

（三）连接建筑物

连接建筑物主要包括跌水和陡坡。

跌水是指连接两段高程不同的渠道的阶梯式跌落建筑物，多布置在跌差小于3m的陡坎处。跌水不应布置在填方的渠段，而应布置在挖方的地段上，这样可避免产生过大的沉陷。在丘陵山区，跌水应布置在梯田的堰坎处，并与梯田的进水建筑物联合修建。单级跌水水平面图、纵剖面图见图3-11、图3-12。

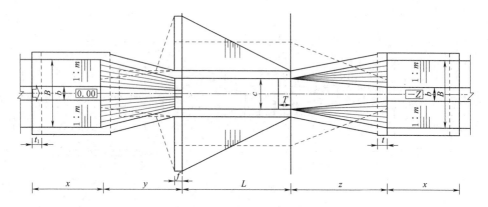

图3-11　单级跌水平面图

b—渠底宽度；B—渠口宽度；m—边坡系数；f—上部挡土墙厚度；c—消力池净宽；
L—消力池长度；T—消力池底板及尾坎厚度；t—渠道护底及齿墙厚度；x—上下游护砌段长度；
y—上游扭面长度；z—下游扭面长度；Z—上下游渠道高差

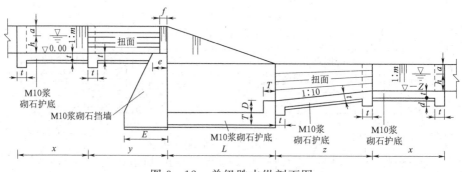

图3-12　单级跌水纵剖面图

h—渠道设计水深；a—渠顶超高；t—渠道护底及齿墙厚度；d—齿墙深度；m—边坡系数；
f—上部挡土墙厚度；e—下部挡土墙顶宽；E—下部挡土墙底宽；L—消力池长度；
D—消力池深度；T—消力池底板及尾坎厚度；x—上下游护砌段长度；y—上游扭面长度；
z—下游扭面长度；Z—上下游渠道高差

陡坡是指使上游渠道或水域的水沿着陡槽下泄到下游渠道或水域的落差建筑物，多用于落差集中处，也用于泄洪排水和退水。陡坡一般在下列情况下选用：①跌落差比较大，坡面比较长，且坡度比较均匀时多采用陡坡；②陡坡地段是岩石基础，为减少石方的开挖量，可顺着岩石坡面修建陡坡；③陡坡地段土质较差，修建跌水基础处理工程量较大时，可以采用陡坡；④由环山渠道直接引出的垂直等高线的支渠、斗渠，其上游段没有灌溉任务时，可沿着地面坡度修建陡坡。

一般情况来说，跌水的消能效果比较好，有利于保护下游渠道安全输水；陡坡施工中的开挖量小，比较经济，适用范围更广泛。在具体进行选用时，应根据当地的地形、地质等条件，通过技术经济比较确定。

在输水明渠通过地势陡峻或地面坡度较大的地段时，为了保持渠道的设计比降和设计流速，防止渠道发生冲刷，避免渠道施工中深挖高填，减少渠道的工程量，在不影响自流灌溉控制水位的原则下，可修建跌水、陡坡等衔接建筑物。单级陡坡平面图、纵剖面图见图 3-13、图 3-14。

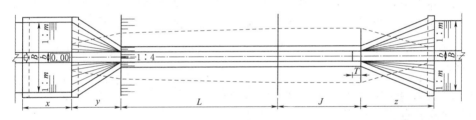

图 3-13　单级陡坡平面图

b—渠底宽度；B—渠口宽度；m—边坡系数；T—消力池底板及尾坎厚度；L—陡坡段长度；

J—消力池长度；x—上游护砌段长度；y—上游扭面长度；z—下游扭面长度

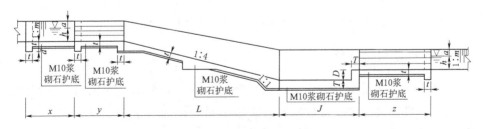

图 3-14　单级陡坡纵剖面图

h—设计水深；a—渠顶超高；t—渠道护底及齿墙厚度；d—齿墙深度；m—渠道边坡系数；

L—陡坡段长度；J—消力池长度；D—消力池深度；T—消力池底板及尾坎厚度；x—上游护砌段长度；

y—上游扭面长度；z—下游扭面长度

（四）泄水建筑物

泄水建筑物的作用在于排除渠道中的余水。常见的泄水建筑物有泄水闸、退水闸、溢洪堰等。

泄水闸是保证渠道和建筑物安全的水工建筑物，必须建在重要建筑物和大的填方渠道的上游、渠道进水闸和大量山洪进入渠道处的下游。退水闸常与节制闸联合修建，相互配合使用，其闸底高程一般应低于渠（管）底高程，或者与渠（管）底高程齐平，以便能够泄空渠（管）道中的水。

在位置较重要的支、斗渠末端，应设置退水闸和退水渠，以便排除灌溉余水，腾空渠（管）道。

溢洪堰，一般应设置在大量洪水汇入的渠段，其顶部高程与渠道的加大水位相平，当洪水汇入渠道水位超过堰的顶高程时，即自动溢流泄走，以保证渠道的安全。这种堰的结构简单、运用可靠，但所需要的宽度一般比较大，常受到地形条件的限制，在渠道中很少采用，而多数采用泄水闸。

输水明渠中的泄水建筑物应结合灌区排水系统统一进行规划，以便使泄水能就近排入沟河中。

（五）交通建筑物

小型灌排渠系上的交通建筑物是便于生产用的小型车辆、行人等通行的小型桥梁，也称为生产桥。上部结构指主要承重结构和桥面；下部结构主要包括桥台、桥墩和基础。石拱桥立面、剖面图见图 3－15。

（六）量水建筑物

量水建筑物是用以量测渠道水流流量的设施。作用是按照用水计划准确地向各级渠道和田间分配水量，为按水量合理征收水费提供依据，并为改进用水管理及水利规划设计、科学研究等提供和积累资料。必要时排水沟道也可以建设量水建筑物，便于排水水量的量测。

一般情况下，在渠系建设的水闸、涵洞、渡槽、陡坡、跌水等水工建筑物可兼作量水建筑物。其基本要求是：具有一定量测精度，能同时量测及调节流量而不影响渠道正常工作，水工建筑物应完整无损，无变

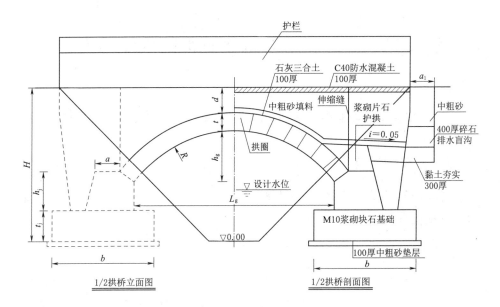

图 3-15 石拱桥立面、剖面图

R—桥拱内半径；L_g—净跨度；h_g—拱高；t—拱圈厚度；a—拱脚顶宽；a_1—填料厚度；

b—基础宽度；t_j—基础厚度；h_j—拱脚厚度；d—覆土厚度；H—桥高

形、不漏水、无泥沙淤积及杂物阻塞，水流平顺，符合水力计算要求。量测流量一般是通过测定上游水头或上下游水头差，根据进口形状、建筑物形式、尺寸及水流流态，按照水力学原理计算流量，或制成图表、曲线查用。

在没有水工建筑物或现有水工建筑物不能满足量水要求条件下，或有特殊需要时采用新建。新建的量水建筑物，配套特设的量水设施，量水较为准确，但需要专门修建费用。按水力计算原则的不同，特设的量水设施可分为：①量水堰，如三角形堰、矩形堰、梯形堰、宽顶堰以及三角剖面堰、平坦 V 形堰等；②量水槽，如矩形喉道槽、梯形喉道槽、U 形喉道槽、巴歇尔槽、无喉道槽等；③量水孔口；④量水管嘴及量水薄片孔口；⑤分流式量水计。

特设量水设施均是预先建立水位与流量的关系。通过测定建筑物上游某一规定位置的水头或上、下游水头差，即可用公式、表格或关系曲线，将测出的水位换算为流量。

第二节　小型灌溉排水建筑物的观测与巡查

一、小型灌溉排水建筑物的观测内容、方法及基本要求

（一）观测内容

小型灌溉排水建筑物，主要观测的内容有位移、沉陷、裂缝、渗流量、伸缩缝以及水流形态等。

（二）观测方法

（1）一般性观察。一般性观察就是以眼看、耳听、手摸或辅以简单工具等手段和方法进行观察，及时发现建筑物渗漏、裂缝、冲刷、悬空等变异现象。

（2）活动仪器观测。活动仪器观测就是用精密测量仪器（水准仪、经纬仪），对建筑物的特设标点进行观测（如沉陷位移标点、测压管等），并按有关标准评价渠系建筑物的形态和安全性。

（三）观测的基本要求

（1）各水利工程管理单位应参照有关规范、办法等，根据小型灌溉排水建筑物的具体情况，制定建筑物的观测细则。

（2）对于一般性观测，要求观测人员要有较丰富的经验，且要求观测人员细心全面，做好观测记录。

（3）对于小型灌溉排水建筑物中相对较大的建筑物，在施工期间，施工单位必须根据设计文件要求，负责正确安装观测设备。在建筑物工程验收交接时，施工单位必须将施工记录及观测资料，一起移交渠系建筑物工程管理单位。

（4）管理人员需按制定的观测细则进行观测，并对资料进行整理分析，以便及早发现问题并及时进行处理。

（5）建筑物观测是一项要求很高的技术性工作，一定要保证观测成果的真实性和准确性，任何人不得修改和错记。

二、小型灌溉排水建筑物的观测

(一) 建筑物的位移观测

(1) 对于小型灌溉排水建筑物，除较为重要的建筑物安装固定观测设备外，一般对于变位观测，以肉眼观测或移动观测设备观测为主。其方法是在建筑物上安设固定标点，观测其铅垂方向及垂直建筑轴线的水平方向的位置变化。垂直位移即铅垂方向的变位，一般规定向下为正、向上为负；水平位移即水平方向的变位，一般规定向下游为正、向上游为负。对垂直位移的观测，通常用水准仪根据起测基点的高程，测定标点高程的变化。对水平位移常用经纬仪采用视准线法，根据工作基点测定标点水平位置的变化。垂直与水平位移观测应配合进行，并应同时观测上下游水位、沉陷等。

(2) 垂直位移观测的起测基点通常布置在两岸便于观测的岩石或坚硬的土基上。较大型建筑物，应安设水准基点，以便进行观测和校核各基点的高程。

(3) 建筑物的位移标点，由底板、立柱和标点头三部分组成，底板用混凝土或石材制成埋在建筑表面下一定深度处，以避免冰冻的不利影响；立柱用金属管（棍）或混凝土制成，牢固立在底板上；在立柱顶部设置标点头。

只进行垂直观测位移的标点，可在已建成建筑物的混凝土上钻孔，孔的直径为 15mm，深度为 90mm。在钻孔中注入水泥浆后，立即将直径 13mm、长 80 mm 的金属（铜）螺栓插入孔内，并精心进行养护和保护。

观测水平位移工作基点，一般用底座为 1.0m×1.0m×0.3m 的钢筋混凝土结构直接浇在岩石或原土内，上部方形柱体为 0.5m×0.5m，顶为 0.4m×0.4 m，柱高 1.2 m，在顶部混凝土内预埋金属支承托架，用以安装经纬仪或固定觇标或测杆。支承架高 50cm，埋入混凝土内 30cm。托板上开一个圆孔，其大小应与经纬仪基座联系螺丝的直径密切吻合。在圆孔下面混凝土面上，应埋入金属条，金属条的顶部刻上十字线，十字线中心与圆孔中心正对好。支承托架的托板必须水平，安装时应用精密经纬仪校平。

(4) 原土上的观测垂直位移应在土基上设置。起测基点的设置，是在当地冻结线下 50cm 的坑内浇一个正方塔形的混凝土块，并在混凝土块内埋入一根直径不小于 50mm 的铁管，在管的下部横穿两铁销，以便与混凝土更好地结合。管的顶端焊一个铜质标点头。坑内回填细砂，砂表面应低于标头约 5～10cm，坑顶设保护盖，平时锁住，土基上起测基点结构如图 3－16 所示。在岩基上的起测基点结构图，采用图 3－17 所示的形式。

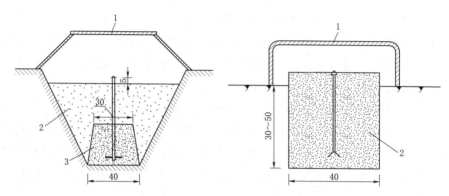

图 3－16　土基上垂直位移的起测　　图 3－17　岩基上垂直位移的起测
　　　基点结构图（单位：cm）　　　　　　基点结构图（单位：cm）
1—保护盖；2—回填细砂；3—混凝土　　　1—保护盖；2—混凝土

（5）位移标点应在建筑物完工后立即埋设好，先建两岸的工作基点和起测基点，然后定出各标点的位置埋设标点，再根据工作基点和起测基点测定的原始位置和高程。埋设时用视准线法观测水平位移的标点时，标点上的十字线中心距离视准线的偏移量，不应大于 20mm。对于基点、标点等观测设备，应将其编号、位置、埋设日期、最初观测成果列出一个考证表，并附上位置图及结构图。

（二）建筑物的沉陷观测

沉陷即垂直位移。混凝土及砌石建筑物上沉陷观测标点的布置如下。

（1）水闸等建筑物的标点，应在两伸缩缝之间混凝土体或石砌体的四角，以及每段挡土墙和导流墙的四角各安设一个。

（2）渡槽除槽身部的两个伸缩缝之间四角各设一个标点外，在渡槽的柱基和拱形渡槽的拱座也应布设标点。

（3）倒虹吸管进出口标点布设与一般水闸的布设相同。两伸缩缝间沿轴线的管顶上应布设两个。在地基地质与土壤变化处及河、沟与两岸相结处的基础上也应布设标点。

其观测方法和仪器设备与位移观测相同。

（三）建筑物的裂缝及伸缩缝观测

1. 土工建筑物裂缝观测

（1）裂缝观测应与水平位移和垂直位移（沉陷）观测配合进行，应观测裂缝的分布位置、走向、长度、宽度等，并做出标记，进行编号，载入记录，并描绘平面分布图，对宽度在 5mm 以上，及宽度虽小于 5mm 但长度较长或贯穿建筑物的裂缝。应对发展情况进行定期观测，其观测次数，应视裂缝发展情况而定。

在进行观测时，可以在裂缝两端用石灰或油漆划线，做出明显的标志，或在裂缝周围设置标志桩，必要时划出方格坐标，以便于进行观测。对裂缝宽度的观测，可选择有代表性的位置作为测点，划出标记测量。

（2）如果要了解裂缝深度延伸情况，可用钻孔取样或挖坑等方式进行立面观察。在测量土工建筑物裂缝深度和宽度的同时，还应测量土壤的干容重、含水量等技术指标。在测量中对观测点（坑）要注意保护。对于开挖的观测坑，要加盖防止日晒，取得观测资料后，应按原设计质量进行回填。在钻孔或挖坑前，可从缝口灌入石灰水以显示裂缝的痕迹。

2. 混凝土或砌石建筑物的裂缝观测

（1）混凝土建筑物发生裂缝后，应及时观测，要着重观测裂缝分布位置、走向（垂直、水平，倾斜角度及弯曲形状等）、长度、宽度及渗水情况。同时观测混凝土温度、气温、水位等相关因素。对裂缝做出标记，进行编号，载入记录，并绘制裂缝平面分布图。对于重要的裂缝，应选有代表性的位置，设置测点，埋设标点，对其发展情况定期观测。

对裂缝发生初期每天可观测一次。当裂缝发展缓慢后，可以减少观测的次数。在出现最高、最低气温和上游最高水位或裂缝有显著变化时，应适当增加测量的次数。

（2）裂缝的位置、走向和长度的观测，应在裂缝的两端，用油漆做出标志或在混凝土表面绘制方格坐标，进行测量。

裂缝宽度的观测，可用游标卡尺测量裂缝之间的距离变化值，即为裂缝宽度变化值，其精度应达 0.1mm。

（3）混凝土建筑物裂缝的观测成果，应做好详细记录，并将各发展阶段的观测成果编制综合情况表。按观测成果绘制裂缝分布图，可将裂缝画在混凝土建筑物的结构图上，并注明编号；对于重要的和典型裂缝，可绘制较大比例尺的平面图，在图上注明观测成果。并将有代表性的几次观测成果绘制在同一张图上，即裂缝平面形状图，以便比较分析研究。

（四）建筑物观测资料整理

（1）将基点、标高、编号、位置、安放日期、型式等最初测量成果记录好，并绘制附埋设位置图及平面图。

（2）将水平位移、垂直位移和伸缩缝观测成果均填于表 3 - 1～表 3 - 3 内。

（3）每年应对观测资料整理分析，一般应绘制位移过程线图及各种位移分布图。

表 3 - 1　　　　　**小型灌溉排水建筑物水平位移观测成果表**

建筑物名称		所在位置		
测点编号	测点高程/m	始测时的读数/mm		备注
		上下游方向	左右方向	

负责人：　　　校核者：　　　观测者：　　　填表日期：　　年　月　日

表 3 - 2　　　　　**小型灌溉排水建筑物垂直位移观测成果表**

上次观测日期：　　　　　　本次观测日期：　　　　　两次观测间隔时间：

建筑物名称	上次观测高程/m	本次观测高程/m	间隔时间内垂直位移量/mm	累计垂直位移量/mm	备注

负责人：　　　校核者：　　　观测者：　　　填表日期：　　年　月　日

表 3 - 3　　　　　**小型灌溉排水建筑物伸缩缝观测成果表**

建筑物名称	标点间伸缩缝编号	标点间的水平距离/mm			上次观测空间坐标/mm			本次标点空间坐标/mm			标点坐标变化/mm			测定时的温度/℃		测定时的水位/m		测量工具	备注
		a	b	c	x	y	z	x_0	y_0	z_0	Δx	Δy	Δz	水温气温	混凝土温度	上游	下游		

负责人：　　　校核者：　　　观测者：　　　填表日期：　　年　月　日

三、小型灌溉排水建筑物的巡查检查

巡查检查内容包括建筑物状况、完好程度、功能状况、是否存在安全隐患等。巡查检查要做好记录，需记录的内容包括以下几条。

（1）过水能力是否符合设计要求，能否准确地、迅速地控制运用。

（2）建筑物各部分是否保持完整，无损坏。

（3）建筑物的挡土墙、护坡和护底是否均填实无空虚部位，且挡土墙后及护底板下无危险性渗流。

（4）闸门和启闭机械是否工作正常，闸门与闸槽无漏水现象。

（5）建筑物上游有无冲刷淤积现象。

（6）建筑物上游壅高水位是否超过设计水位。

（7）是否存在其他安全隐患。

（8）填写巡查记录表3-4。

表3-4 　　　　　　　　　小型灌溉排水建筑物巡查记录表

上次巡查日期：　　　　　　　本次巡查日期：　　两次巡查间隔时间：

建筑物名称	过水能力情况	完整性描述	间隔时间内垂直位移量/mm	累计垂直位移量/mm	备注

负责人：　　　校核者：　　　观测者：　　　　　　填表日期：　　年　月　日

第三节　小型灌溉排水建筑物的运行管理与养护

一、建筑物正常运行的基本标志

（1）过水能力符合设计要求，能准确、迅速地控制运用。

（2）建筑物各部分保持完整，无损坏。

（3）挡土墙、护坡和护底均填实无空虚部位，且挡土墙后及护底板下无危险性渗流。

（4）闸门及启闭设备工作正常，无漏水现象。

（5）建筑物上游无冲刷淤积现象。

（6）建筑物上游壅高水位时不能超过设计水位。

二、建筑物运行管理中应注意的几个问题

（1）各主要建筑物应备有一定的照明设备，行水期和防汛期均有人巡查与管理。

（2）对主要建筑物应建立检查制度及操作规程，随时进行观察，并认真加以记录，如发现问题，认真分析原因，及时研究处理，并报主管部门。

（3）在配水枢纽的边墙、闸门上及渡槽、倒虹吸的入口处，必须标出最高水位，放水时严禁超过最高水位。

（4）不准在建筑附近进行爆破作业。200m 以内不准用炸药炸岩石，500m 以内不准在水内炸石。

（5）禁止在建筑物上堆放超过设计荷重的重物；各种道路距护坡边墙至少保持 2m 以上距离。

（6）为了保证行人和操作人员的安全，建筑物必要部分应加栏杆；重要桥梁设置允许荷重的标志。

（7）主要建筑物应有管理房，闸门启闭机应有房（罩）等保护设施。重要建筑物上游附近应有退、泄水闸，以便在建筑物发生故障时，能及时退水。

（8）未经水利管理部门批准，不能在渠道中增加和改建建筑物。

（9）建筑物附近根据管理需要，均应划定管理范围，办理土地使用证书。

（10）不准在建筑物、专用通信、电力线路上架线或接线。

三、建筑物的运行管理与养护

（1）对建筑物的管理养护，是为了确保工程完整、安全运行，充分发挥工程效益。

（2）管理使用单位或组织，应建立健全以下管理工作制度：

1）维修养护制度。

2）安全生产和安全保护制度。

3）事故处理报告制度。

（3）管理使用单位或组织，应建立完整的技术档案，内容应包括：

1）工程规划、设计、施工及验收等技术文件、图纸等。

2）各类建筑物相关技术管理的标准。

3）各类建筑物的运行、检查巡查观测、养护修理及科学研究等方面的技术文件、资料及成果等。

4）国家有关的方针政策和有关的协议等。

（一）水闸的运行管理与养护

（1）闸门启闭操作人员必须熟练操作，做到准确及时，保证工程和人员安全。

（2）无论是在输水运行前，还是在输水运行中，都要进行闸门和启闭机运行情况的检查，都要按照有关规定进行保养和维护，保证其完整和操作灵活，确保工作可靠。

（3）要经常清理闸门上附着的水生物、杂草和污物等，避免产生对闸门的腐蚀，如果闸门发生锈蚀，应及时进行除锈，刷涂防锈漆。保持闸门清洁美观，运用灵活；安装闸门的凹槽处极容易被块石或杂物卡阻，使闸门开度不足或关闭不严，甚至影响闸门的启闭。因此，要经常用竹篙或木杆对此处进行探摸，以便及时处理卡住的块石或杂物。

（4）支承行走机构的养护。支承行走机构是闸门升降时的重要活动和承力部件，关键的问题是避免滚轮锈蚀，不能正常运行而影响闸门及时启闭。因此，应定期对支承行走机构部件进行检查、清洗、注油，保证机构可以灵活转动。

（5）止水装置的养护。在门叶和门槽之间的止水（水封）装置，要确保其位置正确、封闭严密、不漏水。要及时清理各种杂物，对于已松动锈蚀的螺栓及时处理更换，使止水装置的表面光滑平整。对于已老化的橡胶止水要及时更换，对于金属止水要进行防锈处理，对木止水要做好防腐处理。

（6）门槽及预埋件的养护。对各种轮轨道的摩擦面采用涂油保护，预埋件要涂防锈漆，及时清理门槽的淤积堵塞，发现预埋件有松动、脱落、变形、锈蚀、气蚀等现象，要及时进行加固处理。

（7）经常对启闭机进行必要的维护作业，主要包括"清洁、紧固、调整、润滑"八字作业。可以减少机械磨损，消除隐患和故障，保持设备始终处于良好的技术状况，延长启闭机的使用寿命，减少运行过程中的费用，确保安全可靠运行。

（二）渡槽的运行管理与养护

（1）渡槽出入口均需加强护砌，与渠道衔接处要经常检查，如发现沉陷、裂缝、漏水、弯曲等变形，应立即停水修理。

（2）渡槽槽身漏水严重的应及时修补，钢筋混凝土渡槽放水后应立即排干，禁止在下游壅水或停水后在槽内积水，特别在冬季更要注意。

（3）渡槽旁边无人行道设备时，应禁止在渡槽内穿行，必要时在上、下两端设置栏杆、盖板及照明设备等。

（4）放水期间，要防止柴草、树木、冰块等漂浮物壅塞，产生上淤下冲的现象或决口漫溢事故。

（5）渡槽的伸缩缝必须保持良好状态，缝内不能有杂物充填堵塞，如有损坏，要立即按设计修复。

（6）渡槽跨越河沟时，要经常清理阻挡在支墩上的漂浮物，注意做好河岸及沟底护砌工程，防止洪水淘刷槽墩基础。

（7）在渡槽的中部，应特别注意支座、梁和墙的工作状况，如发现漏水严重时，应停水及时处理。

（8）木质渡槽时湿时干最易干裂漏水，即使在非灌溉时期，除冬季停水外最好使槽内经常蓄水，防止漏水，秋季停水后，最好用煤焦油等防腐剂涂刷维修。

（三）倒虹吸管的运行管理与养护

（1）倒虹吸管两端必须设拦污栅，并及时清理。

（2）经常检查与渠道衔接处有无不均匀沉陷、裂缝、漏水，管道是否变形，进出口护坡是否完整，如有异常现象，应立即停水修复。

（3）倒虹吸管停水后，应关闭进出口闸门，防止杂物进入洞内或发生人身事故。

（4）管道及沉沙、排沙设施，应经常清理。暴雨季节防止山洪淤积洞身，倒虹吸管如有底孔排水设备者，冬季放水后或管内淤积时，应立即开启闸阀，排水冲淤，保持管道畅通。

（5）直径较大的裸露式倒虹吸管，在高温或低温季节要妥善保护，以防发生冻裂、冻胀破坏。

（6）倒虹吸管顶冒水时，停水后在内部构缝填塞处理，严重者挖开填土，彻底处理。

（四）跌水和陡坡的运行管理与养护

（1）冬季停水期和用水前，应对下游消力设施、静水池等进行详细的检查，消力坎有无损坏，静水池下游护坦及基础有无淘刷现象，静水池的边墙、底板有无损坏，是否有乱石、碎砖、树根等杂物堆积池内。

（2）冬季停水后应清除池内积水，防止结冰、冻裂。

（3）上下游护坡与渠道连接处，如有沉陷、裂缝，应及时填土夯实，防止冲刷。

（4）利用跌水、陡坡进行水能利用时，应另修引水口，严禁在跌水口上游任意设闸壅水。

（五）隧洞与涵管的运行管理与养护

（1）进出口如有冲刷或气蚀损坏现象，应及时处理。

（2）隧洞内不使用的工作支洞和灌浆管道等应清理并堵塞严实，如有漏水现象，应立即停水处理。

（3）洞身如有坍塌、渗漏，应查明原因，进行处理。

（4）涵洞顶部或洞顶岩石厚度小于3倍洞径的隧洞顶部，禁止堆放重物或修建其他建筑物。

（5）渠道下的涵管应特别注意涵洞顶渠道的渗漏，防止涵管周围填料被淘刷流失，造成基础沉陷，建筑物悬空，或涵管崩裂。

（6）砌石涵洞放水时，如发现涵洞振动、流水浑浊或其他异常现象时，应立即停止放水，查明原因后即作处理。

（六）桥梁的运行管理与养护

（1）桥梁旁边应设置标志，标明其载重能力和行车速度，禁止超负荷的车辆通行。

（2）行车桥梁栏杆两端，应埋设大块石料或埋混凝土桩，防止车辆撞坏栏杆。

（3）钢筋混凝土桥或砌石桥梁，应定期进行桥面养护或填土修路工作，要防止桥面裸露而被磨损坏。

（4）木结构桥梁。应定期涂刷防腐剂，定期检查各部位构件损坏及维修更换等工作。

（5）对桥梁前及桥孔的柴草、碎渣、冰块等应及时清除打捞，防止阻塞壅水。

（6）对桥孔上下游护坡底应经常检查，如有淘空、掉块、砌石松动或构缝脱落等现象，应及时整修，使桥身完整，水流畅通。

（七）量水建筑物的运行管理与养护

对于水工建筑物兼作量水的建筑物，其运行养护除按照上述内容外，对于测水量水设备设施的运行管理与养护，还要增加以下内容。

（1）量水建筑物量水的准确性与量水建筑物和行近渠道的完好性紧密相关。①靠近量水建筑物上游一定长度的行近渠道应保持清洁无渗漏。靠近量水建筑物上、下游渠道至少在 5 倍的渠顶宽度的渠段内，要将渠道里的淤泥、杂草等污物清除干净。②靠近量水建筑物下游渠道，在 5 倍以内渠顶宽度的渠段内，要防止冲刷造成的堆积物抬高下游水位，使量水建筑物处于淹没流状态。

（2）量水设施要保持清洁和防止淤积。在清淤过程中，应注意不要使堰顶、喉道和槽底遭到破坏。如发现有损坏现象，应立即进行修补。

对于观测设备也要经常检查，有无损坏、失灵，连通管是否淤积堵塞，对量测工具要定期进行校核。

第四节　小型灌溉排水建筑物的维修

小型灌排渠系建筑物常见的损坏现象主要有沉陷、裂缝、倾斜、渗漏、滑坡鼓肚、冲刷，磨损、基土流失沉陷及木结构腐蚀等，维修处理方法主要有以下几种。

一、沉陷维修

建筑物运行过程中如发生基础沉陷，严重时易发生破坏甚至倒塌，其处理方法有以下几种：

（1）由于地基承载能力较差产生的沉陷一般可采取加固地基的方法，如水泥灌浆、加固桩基等，以提高地基的承载能力。

（2）水流淘刷基础，土壤流失产生的沉陷，先采取防冲刷、截渗、增加反滤层等措施，制止继续淘刷，再将淘刷部分填实加固。

（3）黄土地基易于湿陷，应采取防渗措施，也可以在建筑物上下游增设防渗墙以截断渗流，防止继续沉陷。已经沉陷的部位，应按原设计材料加高至原设计高程。

二、裂缝维修

（1）温度裂缝。如渡槽立柱、多孔闸的闸墩、大坝坝体、管道、桥梁的混凝土栏杆等裂缝，应根据当地具体情况、按照温差的大小、用覆盖物调整温差，或增加伸缩缝等办法处理。

（2）裂缝。地基发生不均匀沉陷引起建筑物整体或局部裂缝，首先对地基沉陷进行处理，然后用沥青或环氧树脂等材料对裂缝进行封闭处理。如地基沉陷已稳定，不影响建筑物安全时，可对裂缝只作封闭处理。

（3）超负荷裂缝。常出现在桥梁板和挡土墙面等处，应采取加固措施，并严禁超负荷。

（4）冻胀裂缝。冻胀引起建筑物裂缝，大部分是混凝土板衬砌工程，板下土壤冻胀向上顶起，致使板面裂缝。可采用混凝土板下部铺设塑料薄膜和保温泡沫塑料板的方法处理。

三、倾斜维修

倾斜主要是由于地基受冲刷出现了不均匀沉陷，侧压力过大或受力不平衡等原因引起的。因此，必须加强观测，掌握发展动态，根据倾斜程度采取地基灌浆，增打桩基、加梁支撑、加固及整修断面以及开挖周围土基，重新回填等方法处理。

四、渗漏维修

（1）裂缝渗水。对于气温变化而引起胀缩或因地基下沉而尚未稳定的渗水裂缝，一般用塑性材料处理。常用的塑性材料有沥青、橡胶以及新型塑性材料。其修补方法是将裂缝凿开，清洗，而后用橡胶或沥青麻布填塞。对已经稳定下来，不再受气温变化影响的渗水裂缝，可将修补部位凿毛、湿润处理，然后将拌和好的砂浆抹到裂缝部位，压实养护，或用喷浆防渗。水玻璃是一种较好的防水剂和速凝剂，如与水泥拌和使用，可以很快地堵塞漏水。另外，采用新的堵漏材料做好防渗堵漏。

（2）建筑物止水漏水。如闸门止水橡胶、伸缩缝内填料、止水橡皮及止水铜片的损坏等，要及时修理更换。

（3）建筑物施工质量差而漏水。如砖石砌体灰浆未填实，构缝不密实，混凝土制品未捣固，管道接头封闭不严等发生漏水。一般处理办法是用各类水泥砂浆抹面、喷浆、涂抹沥青和用沥青油麻、石棉水泥以及新型防渗材料填塞。建筑物破坏严重的，则应大修或改建。

（4）建筑物基础渗漏。其主要原因是上游水头过大，防渗设施破坏或没有防渗设施；或基础地质松散、破碎、透水性较强等。处理方法是降低上游水位；修复或增加防渗设施，如在上游铺黏土覆盖、修建截水墙、防渗板桩、进行帷幕灌浆等，以减少或截堵渗漏量。较大建筑物在基础上游，加强反滤设施以降低渗透压力，防止基础土粒的流失。

五、冲刷与磨损维修

（1）建筑物进出口与土渠相接的地方冲刷磨损，其主要原因是水流断面、流态变化，流速加大，消力不够等。冲刷较严重的可采取边坡、渠底加糙，加深齿墙，延长护砌段，加大或增设消能设施等办法处理。对流速不大，塌岸严重地段，可采用打桩编柳等生物措施，也可用土工编织袋装土或块石护砌防冲。

（2）跌水、陡坡下游冲刷磨损，主要原因是跌水单宽流量过大，消力池长度、深度不够或型式不良，渐变段太短，连接不顺直等。维修方法是：对下游冲刷段进行砌石护砌，加长、加深消力池，对消力设施进行改善，结合渠道防渗，对下游渠道护砌。

六、滑坡与鼓肚维修

衬砌渠道及建筑物出口的两边护岸，由于衬砌体背后的土压力过大，底部结构不合理或水流冲刷根基以及降水或其他来水侵入土坡，使土壤饱和，土压力增大常发生滑坡或鼓肚现象。对于已经发生滑坡和鼓肚的地段，放缓边坡，减少土壤压力，修建排水沟，要尽快地翻修处理以防扩大。冻胀影响产生的滑坡，处理时要针对发生原因，采取改变结构型式，铺设垫层等措施，提高衬砌板下的土壤温度来解决。

第五节　小型灌溉排水建筑物冻胀破坏的防治

我国季节性冻土分布相当广泛，遍布于长江以北十多个省（自治区、直辖市）。其冻土厚度变化的总趋势是服从纬度分布规律，从北向南，逐渐减薄。

一、冻土地区建筑物冻胀破坏

冬季土层结冻，产生膨胀，春季融化，又产生沉陷，与土壤接触的建筑物，就因此破坏。

1. 桩柱基础建筑物的冻害

桩柱基础建筑物，在地基冻胀作用下其桩柱基础，常被不均匀地拔起来。由于桩柱的拔起量不等，一般阳面小，阴面大，这样就使得建筑物产生倾斜。随着冻拔量的逐渐积累增大，当上拔量累积到一定值时将使建筑失去运用条件，直至破坏。

2. 墩基础建筑物的冻害

在季节性的冻土地区，墩式基础建筑物的破坏，主要表现为各墩基在各种胀力作用下不均匀上抬或倾斜，使得上层建筑物的结构变形或破坏。

3. 板形基础建筑物的冻害

置于冻层之内的建筑物板形基础以及混凝土渠道衬砌防渗层，既受到底部和周边冻胀力作用，又受到上部结构的不同约束条件作用，板形基础将受到变、扭、剪等复杂的外力作用，从而冻胀破坏。

4. 挡土墙的冻害

寒冷地区挡土墙的冻害相当突出和普遍，轻则前倾变位或部分裂缝，重则被推倒或分成不规则小块而失去挡土作用。

二、渠系建筑物冻胀破坏的防治

冻胀的发生要素是土质、水分及土中的负温值。其中不论缺少哪一个要素都不会发生冻胀现象。如能消除或削弱上述三个要素中的一个，则可消除或削弱土体的冻胀。防止冻害一般采取以下措施。

1. 换填法

换填法是指用粗砂、砾石等非（弱）冻胀性材料置换天然地基冻胀性土，以削弱或基本消除基土的冻胀。这是广泛采用的一种方法。采用换填法时，应根据建筑物运用条件、结构特点、允许变形程度、冻结深度、地基土质及地下水位等情况，确定合理的填换深度和控制黏粒含量，并应注意排水。

在地下水位低，砂、砾石料较丰富，单价较低的地方，宜采用换填法。对板形、条形、挡土墙及斜坡桩等经过换填后，只要采用一定的措施让沙砾石换填料的水分能排出，则能起到很好的防冻害效果。

2. 人工渍化法

人工渍化法是向土体中加入一定量的可溶性无机盐类，如氯化钠（NaCl）、氯化钙（CaCl₂）、氯化钾（KCl）等，使之成为人工盐渍土，从而增大土粒表面水膜厚度，抑制土体的冻胀性。一般多采用氯化钠掺入土体中，其掺量应以土壤种类和施工方法等条件而定，在沙质亚黏土中，可按重量比加入 2%～4%的氯化钠、氯化钙；对含少量粉土和黏土的砂质土，可加入 1%～2%的氯化钠或氯化钾。这种方法简单易行，材料广泛，也比较经济，缺点是有效期短，一般五六年即失效。

3. 保温法

保温法是指在建筑物基底部或四周设隔热层，增大热阻，以推迟基土的冻结，提高土中温度，减少冻结深度起到防止冻胀的作用。可用于隔热的材料很多，如草皮、树皮、炉渣、砖块、泡沫混凝土、玻璃纤维、聚苯乙烯泡沫等。

4. 排水隔水法

冻胀的产生，水分条件是决定因素。只要能控制水分条件，就可达到削减或削除地基土冻胀的目的。排水隔水法可归结为降低地下水位及季节冻层范围内土体含水量、隔断客水补给来源和排除地表水等措施，以防止地基土过湿，从而减少冻胀。